青少年 **应急自救** 知识读

掌握应急自救知识，提高自我保护能

火灾防范与自救

了解应急自救知识，
提高自我保护意识，增强自我保护能力
运用知识、技巧，沉着冷静地化解危机

苏 易◎编著

河北出版传媒集团
河北科学技术出版社

图书在版编目(CIP)数据

火灾防范与自救 / 苏易编著. --石家庄：河北科
学技术出版社，2013. 5(2021. 2 重印)
　ISBN 978-7-5375-5866-2

　Ⅰ.①火… Ⅱ.①苏… Ⅲ.①防火—青年读物②防火
—少年读物③火灾—自救互救—青年读物④火灾—自救互
救—少年读物 Ⅳ.①X932-49②X928.7-49

中国版本图书馆 CIP 数据核字(2013)第 095893 号

火灾防范与自救

huozai fangfan yu zijiu

苏易　编著

出版发行	河北出版传媒集团	
	河北科学技术出版社	
地　　址	石家庄市友谊北大街 330 号(邮编:050061)	
印　　刷	北京一鑫印务有限责任公司	
经　　销	新华书店	
开　　本	710×1000　1/16	
印　　张	13	
字　　数	160 千字	
版　　次	2013 年 6 月第 1 版	
	2021 年 2 月第 3 次印刷	
定　　价	32. 00 元	

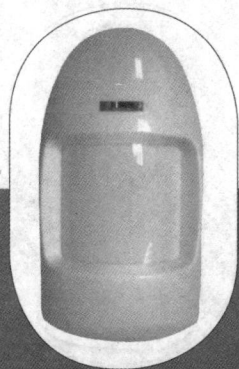

火灾是人类生存环境中发生频率最高的灾害。有自然火灾，也有人为习惯或是对电器使用不当等造成的火灾，而我们面对火灾之时，应该具备一定的应对能力而不是选择逃避或是无头苍蝇般乱撞。

火灾扑救旨在抢救人命、控制火灾蔓延扩大、消灭火灾、减少火灾可能造成的经济损失和社会负面影响，其行动追求的目标是在最短的时间内，以最快的速度、最小的消耗，将火灾损失与影响减少到最低限度。

本书力求在通俗易懂的基础上突出消防素质教育的重要性，即该书不仅限于对火场逃生知识的简单介绍，更侧重于从意识的角度，将关系生命的一些意识误区和一些逃生意识不足的问题作为重点进行深入的剖析，让消防意识本身成为青少年们学习、了解进而支持、参与消防的"金钥匙"。

全书语言通俗易懂，再配以图片，图文并茂，将火灾带来的危害以及如何预防和扑灭火灾的生硬内容表现得淋漓尽致。书中涉及了各个场合所出现的火灾，以及如何在各种场合的火灾中逃生，并在掌握逃生的技巧基础上警示我们的青少年朋友注意生活中的微小细节，也许，不经意的动作就能造成异常大火，但也可能因为一个微小的动作而避免一场大火。

　　如果该书能够给青少年朋友一些有益的启迪和警醒，促使大家学会和掌握一些消防安全常识，并能在遭遇火灾时镇静自如，火场中安全逃生，那么该书也就实现了它自身应有的价值。

前言

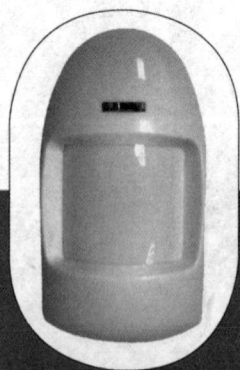

目录

第一章　火灾的认识

第二章　火灾的预防与监测

目 录

Contents

第三章 火灾发生时如何逃生与互救

目录

Contents

目录

第四章　火灾发生时如何应对、扑救

第五章　必备消防知识

第六章　常见家庭火灾

第一章
火灾的认识

火灾发生的规律

凡在时间或空间上失去控制的燃烧所造成的灾害，都称为火灾。燃烧可引起爆炸，爆炸也可引起燃烧。燃烧和爆炸的实质是一种独特的化学反应或物理过程。

火灾发生具有条件性

可燃物着火引起火灾必须具备一定的条件。燃烧现象作为特殊的氧化还原反应，必须有氧化剂（助燃物）和还原剂（可燃物）参加，此外，还要有引发燃烧的引火源。

1. 氧化剂

燃烧反应中氧化剂是引起燃烧反应必不可少的条件。在一般火灾中，空气中的氧是最常见的氧化剂。在工业企业火灾中，引起燃烧反应的氧化剂则是多种多样的，根据它们生产储存时的火灾危险性，这些氧化剂可分为甲、乙两类。

甲类的氧化剂有氯酸钠、氯酸钾、过氧化氢、过氧化钾、过氧化钠、次氯酸钙等。乙类的氧化剂有发烟硫酸、发烟硝酸、高锰酸钾和重铬酸钠等。

虽有氧气存在，但浓度不够，燃烧也不会发生。氧气浓度必须大于等于可燃物产生火所需要的最低含氧量。

2. 还原剂

可燃物在燃烧反应中作为还原剂出现，凡是能与空气中的氧或其他氧化剂起燃烧反应的物质，均称为可燃物。可燃物按其物理状态分为气体、液体和固体。凡是在空气中能燃烧的气体都称为可燃气体，如氢、一氧化碳、甲烷、乙烯、乙炔、丙烷、丁烷等。液体可燃物大多数是有机化合物，分子中都含有碳、氢原子，有些还含氧原子，如乙醇、汽油、苯乙醚、丙酮、油漆等。凡遇明火、热源能在空气中燃烧的固体物质称为可燃固体，如木材、纸、布、棉花、麻、糖、塑料、谷物等。

可燃气体（蒸气）只有达到一定浓度，才会发生燃烧（爆炸）。如有可燃气体（蒸气），但浓度不够，燃烧（爆炸）也不会发生。如在20℃时，用较小明火接触柴油，柴油并不立即燃烧，这是因为柴油在20℃时的蒸气量，还没有达到燃烧所需的浓度，因而虽有足够的氧及引火源，也不能发生燃烧。

3. 引火源

凡是能引起物质燃烧的引燃能源，统称为引火源。引起火灾爆炸事故的引火源可分为四种类型，即化学引火源，如明火、自然发热；电气引火源，如电火花、静电火花、雷电；高温引火源，如高温表面、热辐射；冲击引火源，如摩擦撞击、绝热压缩。

不管何种形式的引火源，引火能量必须达到一定的强度才能引起燃烧反应。否则，燃烧就不会发生。不同的可燃物所需引火能量的强度，即引起燃烧的最小引火能量不同。低于这个能量就不能引起可燃物燃烧。

4. 相互作用

上述三个条件通常被称为燃烧三要素。可用经典燃烧三角形表示三者的关系，燃烧三要素（三边连接）同时存在，相互作用，燃烧才会发生。

经典的燃烧三角形足以

说明燃烧得以发生和持续进行的原理。但是根据燃烧的连锁反应理论，很多燃烧的发生和持续有游离基（自由基）做"中间体"，因此燃烧三角形应扩大到包括一个说明游离基参加燃烧反应的附加维，从而形成一个燃烧四面体。

火灾发生具有随机性

火灾发生的随机性表现在一个地区、一段时间里，什么单位、什么地方、什么时间发生火灾，往往是很难预测的，即对于一场具体火灾来说，其发生具有随机性。火灾的随机性是由火灾发生原因极其复杂性所致。火灾发生的这种随机特性，要求消防工作在 24 小时内都必须处于警戒状态。

火灾发生是自然因素和社会因素共同作用的结果

火灾的发生首先与建筑科技、消防设施、可燃物燃烧特性以及引火源、天气、风速、地形、地物等物理化学因素有关。但火灾的发生绝非是纯粹的自然现象，还与人们的生活习惯、文化修养、操作技能、教育程度、法律知识以及规章制度、文化经济等社会因素有关。因此，消防工作是一项复杂的、涉及各个方面的系统工程。

火灾的发生随社会经济的发展而增多

统计资料表明，尽管随着社会经济的发展、科学技术的进步，人们对火灾的抗御能力不断提高。但伴随着高层建筑、大型化工企业、大型商贸大厦、大型宾馆、大型饭店、写字楼、大型集贸市场等的涌现；新工艺、新设备、新型装饰材料的广泛使用；用火用电量激增，火灾的发生也相应增加。美国火灾损失平均每7年翻一番。最近一二十年，我国正处于火灾形势比较严峻的时期，火灾、重大火灾时有发生，公众聚集场所火灾严重，物资储存场所及各类堆场火灾突出，私营企业、个体工商户等小型经营场所火灾所占比例较大，城乡居民住宅火灾呈多发态势，纵火案件不容忽视。频繁的火灾不仅给国家财产和公民人身、财产带来了巨大的损失，还在一定程度上影响了经济建设和社会安定。

火灾发展的过程

火灾通常都有一个从小到大，逐步发展，直至熄灭的过程。火灾发展的快慢和范围取决于物质燃烧时所放出的热量；放出热量越多，燃烧速度就越快，蔓延发展的速度也就越快。

1. 室内火灾的发展过程

室内火灾是一种受限于空间的燃烧，是建筑物火灾的重要形式。一般说，除了住宅、商店、厂房、仓库等建筑物外，汽车和火车的车厢、飞机和轮船的舱、工厂的实验间等也都是典型的室内，因而室内火灾具有广泛的研究对象。室内平均温度是表征燃烧强度的重要指标，常用这一温度随时间变化的情况描述室内火灾的发展过程。不同结构的建筑，火灾时其温度变化情况也是不一样的。

室内火灾可分成三个阶段：初期增长阶段、充分发展阶段和衰减阶段。在初期增长阶段与充分发展阶段之间，有一个温度急剧上升的狭窄区，通常称为轰燃区，轰燃是室内火灾最显著的特点之一。它是火灾发展的重要转折区，标志着室内火灾已进入全面发展阶段。一般认为，轰燃是由局部可燃物燃烧迅速转变为系统内所有可燃物表面同时燃烧的现象。

三个阶段有如下主要特征。

（1）火灾初起阶段。这一阶段从出现明火算起。开始火焰体积较小，燃烧状况与敞开环境中的燃烧现象差不多。随后火焰体积逐渐增大，室内通风状况可对火灾后续发展具有重要作用。可能会出现以下三种情况：一是以最初着火的可燃物的烧尽而终止；二是因通风不足，火灾可能自行熄灭，或受到较弱供氧条件的支持，以缓慢的速度维持燃烧；三是有足够的可燃物，且有良好的通风条件，火灾迅速发展至整个房间，即发生了轰燃。

火灾初起阶段是灭火最为有利的时机。只要能及时发现，用很少的人力和简单的灭火工具就可以将火扑灭，不会发展成灾。

（2）火灾发展阶段。进入此阶段后，室内的燃烧强度及其热释放速率逐渐达到最大值，室内温度可超过1000℃，因而可以严重地损坏室内设备以及建筑物本身，甚至造成建筑物部分或全部倒塌。高温火焰还能卷着很多可燃气体从起火室蹿出，使火蔓延到邻近的区域。

火灾发展阶段是火灾中最危险的阶段，室内可燃物被全面点燃，进行稳定燃烧，建筑物构件处于浓烟烈火的包围之下，火势迅速地向邻近区域蔓延。在这一阶段必须有一定数量的人力和物力，才能控制火势和扑灭火灾。

（3）火灾下降阶段。随着燃烧的进行，可燃物减少；如果通风不良，有限空间内的氧气被渐渐消耗，可燃物则不再发出火焰，已燃烧的可燃物呈阴燃状态，室内温度降至500℃左右。但是，这样的高温仍能使可燃物分解出较轻的气体，如氢气、甲烷等。这时，如因不合理的通风突然引入较多的新鲜空气等，则仍有发生轰燃的危险。如果火灾烧穿门窗、屋顶，则在可燃物全部燃尽后，才进入下降阶段，当温度降到最大值的80%时，火灾则进入熄灭阶段。随后房间温度下降显著，直到室内外温度达到平衡为止，火完全熄灭。

从火灾的整个过程来看，火灾中期的后半段和末期的前半段温度最高，火势发展最猛，热辐射也最强，建筑物遭受破坏的可能性最大，是火灾向周围建筑物蔓延的最为危险的时刻。

2. 室外火灾发展过程

室外火灾一般无明显发展阶段之分。室外火灾由于供氧充足，起火后很快便会发展到猛烈阶段。

（1）室外火灾受空间的限制小，燃烧时处于完全敞露状态，供氧充分，空气对流快，火势蔓延速度快，燃烧面积大。

（2）室外火灾受气温影响大。气温越高，可燃物的温度也随之升高，与着

火点的温差就越小，更容易被引燃造成火灾。气温越低，火源与环境温度的差异越大，火场周围可燃物质所蒸发出的气体相对减少，火势蔓延速度会相对减慢。但是，随着火场的空气对流速度加快，会使火场周围温度迅速升高，燃烧速度加快。

（3）风对室外火灾的发展起决定影响。火势蔓延方向随着风向的改变而改变，在大风中发生火灾，会造成飞火随风飘扬，形成多处火场，致使燃烧范围迅速扩大。

（4）由于室外火灾的火势多变，经常出现不规则燃烧，火势难控制。所以一旦发展成室外火灾，往往形成立体、多层次燃烧，使扑救更加困难，火灾危害和损失也更为严重。

火灾的分类

火灾分类方法较多，主要有下列几类。

1. 按燃烧对象分类

（1）A类火灾。普通固体可燃物燃烧而引起的火灾，如木、棉、毛、麻等固体物质火灾。

（2）B类火灾。油脂及一切可燃液体燃烧引起的火灾，如汽油、煤油、柴油、原油、甲醇、乙酸、石蜡等液体和可熔化固体物质火灾。

（3）C类火灾。可燃气体燃烧引起的火灾，如天然气、煤气、甲烷、乙炔、丙烷、氢气等气体物质火灾。

（4）D类火灾。可燃金属燃烧引起的火灾，如钠、钾、钙、镁、铝、锶等金属火灾。这些金属燃烧时，燃烧热很大，为普通燃料的 5～20 倍，火焰温度很高，有的甚至达到 3000℃ 以上，并且在高温下金属性质特别活泼，能与水、二氧化碳、氮、卤素及含卤化合物发生化学反应，使常用灭火剂失去作用，必须采用特殊的灭火剂灭火。

（5）E类火灾。带电物质燃烧引起的火灾，如带电的电气设备及其他物体燃烧的火灾。

（6）F类火灾。烹饪器具内的烹饪物（如动植物油脂）火灾。

2. 按火灾损失严重程度分类

（1）特大火灾。死亡10人以上（含10人）；重伤20人以上；死亡、重伤20人以上；受灾50户以上；烧毁财物损失100万元以上。

（2）重大火灾。死亡3人以上；受伤10人以上；死亡、重伤10人以上；受灾30户以上；烧毁财物损失30万元以上。

（3）一般火灾。不具备以上条件的火灾。

3. 按火灾发生场所分类

（1）建筑火灾。主要有普通建筑火灾、高层建筑火灾、大空间建筑火灾、商场火灾、地下建筑火灾、古建筑火灾。

（2）物资（仓库）火灾。主要有化学危险品库火灾、石油库火灾、可燃气体库火灾。

（3）生产设施火灾。主要有普通工厂、矿山、石油化工厂等的装置或设备火灾。

（4）野外火灾。主要有森林火灾、草原火灾。

（5）交通运输工具火灾。主要有汽车火灾、火车火灾、船舶火灾、飞机火灾、航天器火灾。

（6）特种火灾。主要有战争火灾、地震火灾、辐射性区域火灾。

火灾蔓延的形式

火灾发展蔓延是火情恶化的重要因素，也是灭火战斗行动必须重点控制的方面。火场指挥员要根据火灾蔓延的形式、燃烧区内各种物质的燃烧速度及其影响因素等综合考虑，有针对性地采取灭火措施。

火灾蔓延的实质是热的传播，火灾蔓延的形式比较复杂，与起火位置、可燃物数量和分布及建（构）筑材料的燃烧性能有很大关系。常见的蔓延形式主要有以下几类。

1. 火焰接触

着火点的火舌，直接点燃周围的可燃物，使之着火燃烧。这种火灾蔓延形式多在可燃物相距较近的情况下出现。

2. 延烧

可燃物表面上的某一处着火后，由于导热作用使燃烧沿表面连续不断地向着火点外发展，导致火势扩大。延烧是初期火灾蔓延的主要形式。

3. 热传导

热量从物体中温度较高的部分传递到温度较低的部分，或者从温度较高的物体传递到与之接触的温度较低的另一物体的过程，称为热传导。例如间隔墙一侧着火，钢筋混凝土楼板下面着火或通过管道及其他金属使容器内部高热。将热量由墙、楼板、管壁等的一侧表面传到另一侧表面，使靠近墙、楼板、管壁的可燃物着火。

在火灾扑救中，为了防止火势通过热传导发展蔓延，应对被加热的金属物体、管道进行冷却；清除与被加热金属材料、物体靠近的可燃物质，或用隔热材料将可燃材料与被加热的金属物隔开。

4. 热对流

流体各部分之间发生相对转移时所引起的热量传递过程称为热对流。例如房间某处着火以后，热气流因密度小而上升，碰到房间顶部将热量传递给天花板引起天花板着火。

热对流是影响早期火灾发展的最主要因素。高温热气流能加热它流经途中的可燃物，引起新的燃烧；热气流能够往任何方向传递热量，但一般总是向上传播，引起上层楼板、天花板燃烧；由起火房间蔓延烧至楼梯间、走廊，主要是热对流的作用；通过通风孔、口进行热对流，使新鲜空气不断流进燃烧区，供应持续燃烧。为了防止火势通过热对流发展蔓延，应主要控制通风口，冷却热气流，或把热气流导向没有可燃物或火灾危险较小的方向。

5. 热辐射

由物体表面直接向外界发射可见和不可见射线，在空间传递能量的过程为热辐射。热辐射与导热和对流不同，在传递能量时不需要相互接触即可进行，所以它是一种非接触传递能量的方式，即使是空气高度稀薄的真空，热辐射也能照常进行。

当火灾处于发展阶段，温度升高时，辐射热成为热传播的主要形式。为了减弱受到的辐射热量，需要对受到辐射热影响的建筑、储罐等进行冷却，降低其温度，防止蔓延扩大。灭火人员要选择适当位置和角度，以减少受到的辐射热的影响。灭火时，可利用移动式屏障或水枪喷射的水幕，遮断或减少辐射热。

6. 飞火

发生大面积火灾时，火场的空气对流速度快，且由于风的作用，体积小和重量轻微的可燃物容易带着火星向较远的地方飘落，形成新的燃烧点。

为了防止飞火引发新火场，发生大火后，应在下风向一定距离范围内设置防线。监视燃烧飘落物，及时扑灭飞火，防止火场周围特别是下风方向的可燃建筑和物品被引燃。

火灾发展蔓延的速度

可燃气体火焰传播速度

由于燃烧方式不同，气体的燃烧速度差异很大。按照燃烧反应物进入反应区燃烧前是否混合，把气体的燃烧方式一般分为预混燃烧和扩散燃烧两种方式。

预混燃烧也称动力燃烧，是指可燃气体与氧在燃烧之前混合，并形成一定浓度的可燃混合气体，被引火源点燃所引起的燃烧，即通常所说的气体爆炸；扩散燃烧是指可燃气体从喷口（管口或容器泄漏口）喷出，在喷口处与空气中的氧边扩散混合、边燃烧的现象，一般为稳定燃烧。预混燃烧速度远远快于扩散燃烧速度。在通常情况下，单一化学组分的气体（如氢气）比复杂气体（如甲烷）的燃烧速度快，因为后者需要经过受热、分解、氧化过程才能开始燃烧。

可燃液体火灾蔓延速度

液体火焰传播速度取决于液体的蒸发。由于主体火焰前端的表面液体被逐渐加热，蒸气浓度逐渐增加，所以可以观察到火焰脉冲现象（即一闪即灭的现象），其火焰颜色和特征与预混火焰类似。随着液体温度的增加，脉冲宽度减小。当液体温度进一步增加时，脉冲现象消失。紧接着脉冲现象之后，经过一段过渡，蒸气边蒸发边与空气在火焰中混合燃烧，一般火焰为黄色，有烟产生。

可燃固体火灾蔓延速度

固体可燃物燃烧时，与气体、液体燃烧有很多相似的地方，但更复杂。

根据固体可燃物燃烧方式和燃烧特性，其燃烧形式可分为蒸发式燃烧、表面燃烧、分解燃烧、熏烟燃烧、动力燃烧五种类型。

蒸发燃烧为可燃固体（如硫、磷、钾、钠、蜡烛、松香、沥青等），在受到火源加热时，先熔融蒸发，随后蒸气与氧气发生燃烧反应。樟脑、苯等易升华物质，在燃烧时不经过熔融过程，但其燃烧现象也可看做是一种蒸发燃烧。

表面燃烧为可燃固体（如木炭、焦炭、铁、铜等）的燃烧反应是在其表面由氧和物质直接作用而发生的，这是一种无火焰的燃烧，有时又称为异相燃烧。

分解燃烧为可燃固体（如木材、煤、合成塑料、钙塑材料等），在受到火源加热时，先发生热分解，随后分解出的可燃挥发分与氧发生燃烧反应。

熏烟燃烧（阴燃）为可燃固体在空气不流通、加热温度较低、分解出的可燃挥发分较少或逸散较快、含水分较多等条件下，往往发生只冒烟而无火焰的

燃烧现象。这就是熏烟燃烧，又称阴燃。

动力燃烧（爆炸）为可燃固体或其分解析出的可燃挥发分遇火源所发生的爆炸式燃烧，主要包括可燃粉尘爆炸、炸药爆炸、轰燃等。

然而，各种燃烧形式的划分不是绝对的，有些可燃固体的燃烧往往包含着两种或两种以上的形式。例如在适当的外界条件下，木材、棉、麻、纸张等的燃烧会明显地存在分解燃烧、阴燃、表面燃烧等形式。燃烧过程中固体可燃物受热后还可能发生结焦，受热后结焦的可燃物，会在表面形成一层焦壳，焦壳一般都具有较强的隔热性，可使内层物质受高温的影响减弱，燃烧速度降低。

影响火灾蔓延的因素

物质数量的影响

可燃物的数量越多，火灾载荷密度越高，则火势发展越猛烈；可燃物较少，则火势发展较弱；如果可燃物之间相互没有连接，一处可燃物烧尽之后，火则会趋向熄灭。

物质性质的影响

1. 物质的热值

物质的热值是指单位体积或单位重量的可燃物完全燃烧时放出的热量。物质的热值越大，火灾危险性越大，越容易造成火灾蔓延扩大。

2. 物质的燃烧速度

物质的燃烧速度是衡量火灾扩大蔓延速率的重要指标，物质燃烧速度越快，越容易造成火灾的蔓延扩大。

一般可燃气体的燃烧速度比可燃液体和固体可燃物快，可燃液体比固体可燃物快。这是因为可燃气体扩散速度快，且在常温下就已具备燃烧条件，而液体和固体物质在燃烧时需要经过分解、熔化、蒸发等过程。

3. 物质的相对密度

气体或蒸气的相对密度是指气体或蒸气与空气的密度之比。通常，气体或蒸气的密度随分子质量增大而增大，随温度的升高而减小。多数气体或蒸气的密度都比空气大，只有少数例外，如氢、甲烷、氨等。比空气重的气体或蒸气往往漂浮于地表、沟渠、厂房死角等低位区，长时间聚集不散，易遇引火源发生着火爆炸。比空气轻的气体逸散在空气中可以无限制地扩散，易在装置或通风不良的建筑物的高位区聚集，与空气形成爆炸性混合物，而且能够顺风飘荡，致使可燃气体着火爆炸和蔓延扩展。在环境温度下比空气轻的蒸气当其冷却时仍在低位区扩散，如液氨或液化天然气产生的蒸气就是如此。

液体的相对密度是指液体和水的密度之比。液体的密度一般随温度的升高而降低。密度较小的液体（如汽油、煤油）分布或聚集在较重液体（水）之上，当其向污水排放系统排放时，由于这些液体在水面之上，发生火灾时，可沿着污水管道蔓延。

4. 物质的蒸发潜热

可燃液体和固体的燃烧是在受热后蒸发出来的气体的燃烧。液体和固体需要吸收一定的热量才能蒸发，此热量称为蒸发潜热。一般固体的蒸发潜热大于液体的蒸发潜热，液体的蒸发潜热大于液化气体的蒸发潜热。蒸发潜热越大的物质需要越多的热量才能蒸发，火灾发展速度亦较慢。反之，蒸发潜热较小的物质越容易蒸发，火灾发展速度相应也越快。

15

5. 物质的可压缩性和热膨胀性

气体可被压缩，甚至可以被压缩成液态。在容积不变时，温度与压力成正比关系，就是说盛装压缩气体或液化气体的容器，在热的作用下，气体就会急剧地膨胀，产生很大的压力，若压力超过容器的耐压强度就会引起容器胀裂或爆裂，以致扩大灾害的范围。因此，储存和使用压缩气体和液化气体时，要注意防火、防热和防震等。

6. 物质的水溶性和与水的抵触程度

有部分物质能溶于水。在火灾发生时，首选灭火剂是水，而水溶性可燃物有可能随着灭火剂的扩散而扩散，形成新的火源，使火灾事故扩大。所以在扑救水溶性物质火灾时，特别是能溶于水且比水轻的物质的火灾，应考虑选用适当的灭火剂。

水是一种最常用、最普通的灭火剂，如果某物品着火后不能用水或含水的灭火剂扑救，那么就增加了扑救的难度，也加大了火灾扩大和蔓延的危险，其火灾危险性大于不与水抵触的物品。

7. 物质的流动扩散性

可燃性液体具有流动扩散性，当储存容器损坏时，流动的可燃物就是流动的火源，增加了对周围建筑物、构筑物的威胁和危害。可燃物流动性越好，扩散速度越快，其火灾蔓延的危险性越大。

8. 物质的带电性

气体、液体和固体粉尘在运动中由于摩擦而产生静电，放电产生的火花可引起燃烧爆炸事故。在抽灌、运输、喷溅和输送流动等过程中，要采取防静电积聚的措施。

各种形态物质的影响

物质的形态不同，燃烧过程也不同，影响火灾蔓延的因素也有所差异。

影响气体火焰传播速度的因素

可燃气体混合物的火焰传播速度受多种因素的影响。

（1）可燃气与空气比值的影响。混气中可燃气与空气比值不同，火焰传播速度也不同。实验发现混气中可燃气与空气存在一个最佳比值，在此最佳比值条件下火焰传播速度最快，否则会下降。理论上这个最佳比值应等于化学当量比，但实际测定发现，最佳比值并不等于化学当量比，这与实际燃烧时情况很复杂、影响因素很多有关。

实验还发现火焰传播也存在一个浓度极限问题。在混气中如果可燃气太少或太多，火焰均不能传播。可燃气含量在一定范围内才能传播，这是用传播法实验测定可燃气爆炸极限的依据。

（2）可燃气分子结构的影响。对于饱和烃，火焰传播速度与分子中碳原子数无关，火焰传播速度约为 70 厘米/秒；对于不饱和烃，碳原子数目增加，火焰传播速度下降。当碳原子数增加到 4 以后，火焰传播速度下降缓慢。当碳原子数等于或大于 8 以后，火焰传播速度不再下降。

（3）初始压力的影响。当燃烧反应级数为 2 时，火焰传播速度与压力无关；当反应级数小于 2 时，压力增加，火焰传播速度下降；当反应级数大于 2 时，压力增加，火焰传播速度增加。实验发现在烃类和氧气与氮气或氩气或氦气组成的混合气体中，当火焰传播速度小于 50 厘米/秒时，压力增加，火焰传播速度下降，此时反应级数小于 2；火焰传播速度在 50～100 厘米/秒时，压力增加，火焰传播速度不变，此时反应级数等于 2；火焰传播速度大于 100 厘米/秒时，压力增加，火焰传播速度增加，此时反应级数大于 2。

（4）初始温度的影响。混气初始温度越高，混气燃烧时火焰温度就越高，

化学反应速率会越快，火焰传播速度就越高。实验表明，通常火焰传播速度与初始温度的 1.5~2 次方成正比。

（5）火焰温度的影响。火焰温度越高，燃烧离解反应越易进行，离解反应所释放的自由基（H、O、OH）就越多。这些自由基扩散到反应区前面的区域，增大了火焰的传播速度。

（6）惰性气体的影响。混合物中的惰性气体浓度增加，由于消耗热能而使火焰传播速度降低。

（7）混气性质的影响。这里的混气性质主要是指混气的热容和热导率。混气的热容增加，火焰传播速度下降。热导率增加，则火焰传播速度增加；这是灭火剂要具有低热导率和高热容的原因。高的热容使灭火剂能够吸收大量的热量，低的热导率可以延缓热的传递，这都不利于火焰的传播。

（8）管径的影响。火焰传播速度在不同直径的管道中测试结果表明，一般随着管道直径的增加，火焰传播速度增大，但有个极限值，管道直径超过这个极限值，火焰传播速度不再增大；反之，当管道直径减小，火焰传播速度减慢。当管道直径小于某一直径时，火焰就不能传播。

（9）管道材质。管道材质对火焰传播速度也有一定影响，主要由材质的导热性能决定。一般地说，在相同条件下，火焰在管道中的传播速度，导热性能差的管道较导热性能好的管道要快。

（10）管道所处重力场。火焰在管道内的传播速度与火焰的重力场相关。例如，处于标准状态下的甲烷与空气的混合气体，甲烷体积分数为10%，在直径25.4毫米的管道内燃烧时，火焰传播速度在水平放置的管道中为65厘米/秒；垂直放置，由下向上燃烧时为75厘米/秒，而向下燃烧时为59.5厘米/秒。

影响液体火焰传播速度的因素

液体的燃烧速度受着各种因素的影响。

（1）液体的沸点和蒸气压力。有机化合物中，分子量越小，沸点越低，闪点也越低，饱和蒸气压力越大，蒸发速度越快，其火灾危险性越大。在火灾状态下，沸点越低的物质越容易形成过大的蒸气压力而导致容器爆裂，造成泄漏和扩散，使火灾事故进一步扩大蔓延。

（2）燃烧区传给液体的热量。燃烧区传给液体的热量不同，燃烧速度不同。液体要维持稳定的燃烧，液面就要不断从燃烧区吸收热量，进行液体蒸发，并保持一定的蒸发速度。火焰的热主要以辐射的形式向液面传递。如果其他条件不变，液面从火焰接受的热量越多，则蒸发速度就越快，燃烧速度也加快。

（3）液体的温度。液体温度增高，蒸气浓度就会增加，火焰传播速度也会增加。当蒸气浓度增高到与空气浓度之比等于化学当量比时，火焰传播速度增加到最快。

（4）液层的厚度。液层厚度越厚，局部加热液面所引起的对流向深层液体散热越多，液体表面升温就越慢，火焰从中心火源蔓延到整个液面的着火时间就越长；相反，液体越浅，对流向液体深层散热越小，液体表面升温就越快，整个液面着火感应期就越短。但液体深度小到一定程度以后，由于向容器壁的散热增大，着火感应期会迅速增长。当液层深度小于1毫米时，液层则不能被引燃。浮在海面上的原油不能引燃，就是因为原油下海水散热使薄薄的原油层温度很难升高所致。

（5）容器的直径。液体通常盛装于圆柱形立式容器中，其直径大小对液体的燃烧速度有很大影响。火焰有三种燃烧状态：液池直径小于0.03米时，火焰为层流状态，燃烧速度随直径增加而减小；直径大于1.0米时，火焰呈充分发展的湍流状态，燃烧速度为常数，不受直径变化的影响；直径为0.03～1.0米时，随着直径的增加，燃烧状态逐渐从层流状态过渡到湍流状态，燃烧速度在0.1米处为最小值，之后燃烧速度随直径增加逐渐上升到湍流状态的恒定值。

火灾的认识
火灾防范

19

液面燃烧速度随直径变化的关系可由每种传热机理在不同阶段相对重要性发生的变化来解释。直径小（<0.03 米），液体接受热量主要以壁面导热为主。随着直径的减小，液面接受的热量越多，燃烧速度越快。直径大（>1.0 米），液体接受热量主要以火焰的辐射传热为主。燃烧速度趋于定值。

（6）容器中液体的高度。容器中的液体高度是指液面距容器上口边缘的高度，随着容器中液位的下降，直线燃烧速度相应降低，这是因为随着液位下降，液面到火焰底部的距离加大，使得火焰向液面的传热速度降低。

（7）液体中的含水量。液体中含水时，由于从火焰传递出的热量有一部分要消耗于水分蒸发，因此液体的燃烧速度下降。且含水量越多，燃烧速度越慢。

影响固体火焰传播速度的因素

可燃固体一旦被引燃，火焰就会在其表面或浅层传播。在火场上，火焰传播速度和可燃物面积大小决定了火势发展的快慢，影响固体燃烧速度的因素有多种。

（1）固体的比表面积。固体物质的燃烧速度与比表面积（即固体物质的表面积与其体积的比值）有关，比表面积越大，燃烧时固体单位体积所接受的热量越大，材料与空气中氧接触的机会越多，氧化作用越容易，因此燃烧速度越快。比表面积的大小与固体的粒度、几何形状等有关。

（2）固体的厚度。由于热量通过薄物体表面向内部传导力较强，受热时未着火部分的预先加热效果较好，所以薄物体比厚物体容易着火燃烧。

（3）材料的热惯性。材料的热惯性（$\lambda \cdot \rho \cdot C$）是指热导率 λ、密度 ρ，热容 C 的乘积，固体材料的热惯性对其着火燃烧性能有着重要的影响，对于厚固体材料，这种影响可能起主要作用。热惯性低的材料容易被引燃，而且燃烧迅速。固体

材料的热导率大，燃烧热量被迅速传导出去，燃烧温度不易升高。可燃固体的密度大，材料导热性能好，大量热被导入材料深处，使表面温度上升慢，热分解慢，燃烧速度就慢。可燃固体的热容越大，材料升温时吸收的热量越多，燃烧速度越慢。

（4）固体的表面。位置相同的材料，在相同的外界条件下，对于一般固体，竖直表面的稳定燃烧速度比水平表面的快；竖直向上的固体表面火焰传播速度最快，相反竖直向下的固体表面火焰传播速度最慢，这主要是因为固体表面位置不同，火焰和热产物对未燃固体部分的预先加热作用的程度不同。对于可塑性固体和可碳化固体，水平表面火焰传播速度则比竖直向下的固体表面火焰传播速度慢，这是因为这类可燃固体燃烧时可产生向下流淌的熔滴或碳化层，可加速竖直向下固体表面火焰的传播速度。

（5）固体的含水量。固体的含水量越多，燃烧速度亦越慢。这是因为材料中的水分蒸发时需吸收部分热量；蒸发的水蒸气充满燃烧区使氧与可燃气浓度减少；水分还会使材料的热导率增加，局部温度很难升高，燃烧速度减慢。

热量传递的影响

热量传递因素

（1）温度差。温度差是热量传导的推动力。热量总是从温度较高部位导向温度较低部位。高温部分的温度愈高，传导出的热量愈多。

（2）热导率。热导率是材料导热能力大小的标志。热导率是指温度差为 1℃，在 1 秒内通过厚度为 1 厘米、截面积为 1 平方厘米的导体的热量，单位为 $J/(cm \cdot s \cdot ℃)$。固体物质是最强的热导体，液体物质次之，气体物质最弱。金属材料为优良导体，非金属固体多为不良导体，它们的热导率大小差距很大。

（3）传导物体的厚度（距离）和截面积。传导物体的厚度（距离）愈小，截面积愈大，传导的热量愈多。

（4）导热的时间。在其他条件相同时，导热的时间越长，传导的热量越多。有些导热性能差的材料，经长时间的热传导，也能引起与其接触的可燃物

的燃烧。

热量传递方式

物质燃烧所放出的热能，主要是以传导、辐射和对流三种方式传播，并影响火势的大小。

1. 热传导

热从物体的一部分传到另一部分的现象，叫做热传导。火场上燃烧温度比较高时，高温能迅速加热热导率越大的物质，而这些物质又会很快把热能传导出去，在这种情况下，可能会引起没有直接受到火焰作用的可燃物质发生燃烧，使火势蔓延扩大。一般来说，热导率越大的物质，热传播的速度越快，对灭火工作越不利。因此，在火灾扑救过程中，不能认为火源周围是不燃的结构，就没有问题了，而应该认真对建筑结构进行检查，看是否有导热性能良好的金属构件、金属管道等，以防止火势蔓延扩大。

2. 热辐射

以电磁波传递热能的现象，叫做热辐射。电磁波的传递是不需要任何介质的，这是辐射与传导、对流方式传递热量的根本区别。火场上的火焰、烟雾都能辐射热能，辐射热能的强弱取决于燃烧物质的热值和火焰温度。物质热值越大，火焰温度越高，热辐射也越强。火场上的辐射热随着火灾发展的不同阶段而变化。当火势猛烈，温度达到最大值时，辐射热能最强，火势发展则较快。反之，辐射热能就弱，火势发展则缓慢。

3. 热对流

由于流体之间的宏观位移所产生的运动，叫做对流。通过对流形式来传播热能的，只有气体和液体，分别叫做气体对流和液体对流。

气体对流对火势发展变化的主要影响是：流动着的热气流能够加热可燃物质，以致达到燃烧程度，使火势蔓延扩大。被加热的气体在上升和扩散的同时，周围的冷空气迅速流入燃烧区，助长燃烧。由于气体对流方向的改变，促使火势蔓延方向也随着发生变化。

通过液体对流进行传热，影响火势发展的主要情况是：装在容器中的可燃液体局部受热后，以对流的传热方式使整个液体温度升高，蒸发速度加快，压力增大，致使容器爆裂，或蒸气逸出，遇着火源而发生燃烧。重质油品发生火灾时，由于对流等传热的作用，能发生沸溢或喷溅，造成火势蔓延扩大，并威胁灭火人员及消防车辆的安全。

火场上实际进行的传热过程很少是一种传热方式单独进行，而是由两种或三种方式综合而成，但是必定有一种是主要的。

环境因素的影响

1. 空气流量

当室内火灾初起阶段的空气量足够时，若可燃物足够，燃烧就会不断发展，但是，随着火势的逐步扩大，室内空气量逐渐减少，这时只有不断从室外补充新鲜空气，即增大空气流量，燃烧才能继续并不断扩大；空气供应量不足时，火势会趋向减弱。

2. 风量

风对火势发展有决定性影响，尤其是露天火灾，受风的影响更大。风会给燃烧区带来大量新鲜空气，既有利于空气和可燃气体或液体蒸气的混合，又有利于及时输送走燃烧产物，促使燃烧猛烈。风所导致的火焰倾斜增加了向前传热的速率，随着风向的改变，火势蔓延方向会相应改变。大风天气发生火灾时会形成飞火，迅速扩大燃烧范围。但风速过大又可能使燃烧熄灭。

3. 风向、地理及建筑物

由于风向、地理形态、建筑物的影响，火灾在蔓延过程中会形成旋转火焰，

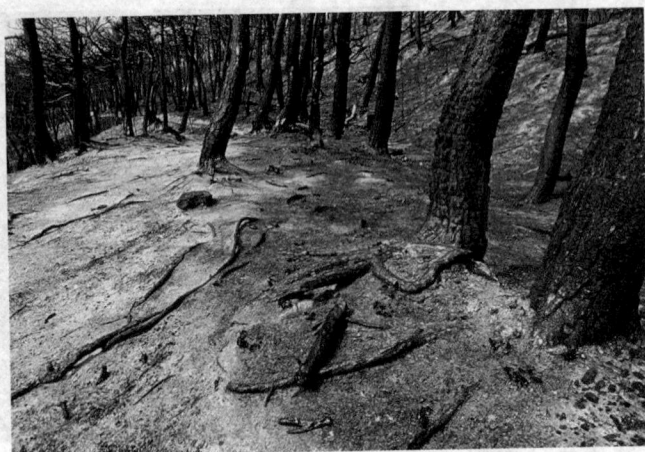

有垂直火旋风和水平火旋风之分，它的出现可使火的蔓延速度和强度大大增高。

4. 环境温度

环境温度升高，燃烧速度加快。因为环境温度越高，可燃物的温度随之升高，火焰锋前物质的未燃部分温度上升到燃点所需要的热量较少，同时辐射热预热了火焰锋前材料的未燃部分，并且加快了火焰锋后物质的燃烧速度，结果提供了一个附加的向前传热，使整个燃烧过程得以强化，引起燃烧速度的增加。

5. 环境压力

增加环境压力，有助于火焰稳定地附着在材料的表面上，使得燃烧速度加快。

6. 燃烧温度

燃烧区周围空气的流动由于燃烧而被加强，使空气上升，温度越高空气上升的速度越快，周围的新鲜空气注入燃烧区的速度也越快，从而可形成"火风"。"火风"能把火星带到很高、很远的地方，落在可燃物上会引起新的燃烧，扩大火灾的蔓延范围。另外，由于燃烧后的高温环境，使室内可燃物仍然进行着热分解反应，室内会逐渐积聚大量的可燃气体，此时一旦通风条件得到改善，空气会以重力流形式补充进来并与室内可燃气体混合。当混合气被灰烬点燃时会形成高强度、快速的火焰传播，在室内燃烧的同时，会在通风口处形成巨大的火球，同时对室内外造成危害，这种"死灰复燃"的现象称为"回燃"。"回燃"具有隐蔽性和突发性，对生命、财产安全危害极大。

7. 相对湿度

相对湿度越低，物质的含水量越低，物质也就越干燥，越容易着火，蔓延速度越快。如森林大火多发生在天气相对湿度低的时候。相对的，湿度高，物质潮湿，不易着火。

8. 建筑物的倒塌

火灾中建筑物会发生倒塌，建筑物倒塌后会暴露出新的燃烧面，增加空气进入燃烧区的流量或改变热气流的流动方向，容易出现"飞火"，使火灾蔓延扩大。

火灾的危害

1. 对人体的危害

火灾现场对人体的危害主要有四种，即缺氧、高温、烟尘、毒性气体，其中任何一种危害都能置人于死地。

（1）缺氧。人们正常呼吸的空气中氧气占21%左右（体积分数）。在火场上，可燃物燃烧消耗氧气，同时产生毒气，使空气中的氧浓度降低。特别是建筑物内着火，在门窗关闭的情况下，火场上的氧气会迅速降低，使火场上的人员由于氧气减少而窒息死亡。

当氧气在空气中的含量由正常水平的21%下降到15%时，人体的肌肉协调能力受影响；如再继续下降至14%～10%，人虽然有知觉，但判断力会明显减退（患者自己并不知道），并且很快感觉疲劳；降到10%～6%时，人体大脑便会失去知觉，呼吸及心脏同时衰竭，数分钟内可死亡。

（2）高温。可燃物与空气在绝热条件下完全燃烧时，燃烧释放的热量全部用于加热燃烧产物或提高燃烧产物的内能，使燃烧产物达到的最高温度称为理论燃烧温度。在实际火场中，可燃物燃烧往往进行得并不完全，燃烧时放出的

25

热量也有一部分损失于周围环境，这时燃烧产物达到的温度就称为实际燃烧温度。实际燃烧温度受可燃物的燃烧完全程度、燃烧速度及散热条件等因素的影响。若可燃物与助燃物接近化学计量比，则燃烧接近完全，燃烧速度快，散热条件差，燃烧温度接近理论燃烧温度。

火场上由于可燃物质多，火灾发展蔓延迅速，火场上的气体温度在短时间内即可达到几百摄氏度。高温空气，能损伤呼吸道。当火场温度达到 49～50℃时，能使人的血压迅速下降，导致循环系统衰竭。当人体吸入的气体温度超过 70℃，气管和支气管内黏膜便会充血起水泡，组织坏死，并引起肺水肿导致窒息死亡。据统计分析，人在 100℃环境中即出现虚脱现象，丧失逃生能力，严重者会造成死亡。

（3）烟尘。由于燃烧或热解作用所产生的悬浮在大气中可见的固体和（或）液体微粒称为烟。烟的主要成分是一些极小的炭黑粒子，其直径一般在 $10^{-7}～10^{-4}$ 厘米，大直径的粒子容易从烟中落下来成为烟尘或炭黑。碳氢可燃物在燃烧过程中，当氧供给充分时，碳原子与氧生成 CO_2 或 CO，炭黑粒子生成少，或者不生成炭黑粒子；当氧供给不充分时，炭黑粒子生成多。在室内发生火灾时，如果门窗关闭很严，室内氧气消耗很大，氧气供给不足，燃烧不完全，高温裂解出来的炭黑粒子会因没有氧而聚合形成烟，所以室内烟雾很大。

燃烧产物的烟气中载有大量的热，人在这种高温、干热的环境中极易被损伤。火场上的热烟尘随热空气一起流动，若被人吸入呼吸系统后，能堵塞、刺激内黏膜，有些甚至能危害人的生命。其毒害作用随烟尘的温度、直径大小的不同而不同，其中温度高、直径小、化学毒性大的烟尘对呼吸道的损害最为严重。飞入眼中的颗粒使人流泪，损伤人的视觉。

（4）毒性气体。火灾中可燃物燃烧产生大量烟雾，其中含有一氧化碳（CO）、二氧化碳（CO_2）、氯化氢（HCl）、氮的氧化物（NO_x）、硫化氢（H_2S）、氰化氢（HCN）、光气（$COCl_2$）等有毒气体。这些气体对人体的毒害作用很大，并且火场上的有害气体往往同时存在，其联合效果比单独吸入一种毒气的危害更为严重。这些毒性气体对人体有麻醉、窒息、刺激等作用，损害呼吸系统、中枢神经系统和血液循环系统，在火灾中严重影响人们的正常呼吸和逃生，直接危害人的生命安全。

2. 对疏散的危害

在火灾区域以及疏散通道中，常充有相当数量含一氧化碳及各种燃烧成分的热烟或烟雾弥漫，给疏散工作带来极大困难。烟气中的 SO_2、NO、NO_2 等刺激性气体，常给人的眼、鼻、喉带来强烈刺激，导致视力下降、呼吸困难。现场的浓烟给疏散人员造成极为紧张的恐惧心理，使人们失去行动能力或行为异常。当疏散通道上部被烟气占据时，人们必须弯腰摸索行走，其速度缓慢又不易找到安全出口，还可能走回头路。在被烟气充满的疏散通道中，人们少时停留（如 1 ~ 2 分钟）就可能昏倒，停留稍长（4 ~ 5 分钟以上）就可致死。

3. 热辐射的危害

不管火灾以何种方式进行燃烧，都要通过热辐射的方式影响周围环境。当产生的热辐射强度足够大时，可使周围的物体燃烧或变形，强烈的热辐射可能烧毁设备甚至造成人员伤亡等。

4. 建筑物倒塌的危害

在火灾条件下，建筑物由于燃烧和高温作用，往往会发生局部破坏或整体倒塌。建筑结构因火灾发生倒塌、破坏的后果是十分严重的，除造成较大的物质损失和人员伤亡外，还会造成火灾进一步蔓延扩大，影响灭火救援工作的开展。

5. 对扑救的危害

灭火救援人员在参与灭火救援工作时，同样受到高温、缺氧、烟尘、毒性气体的威胁，严重妨碍作业，如热损伤、窒息、中毒、弥漫烟雾影响视线、难以找到起火点、辨不清火势发展方向等，导致灭火工作难以有效展开。燃烧产生很高的热能，极易造成轰燃；高温烟气扩展蔓延，促使形成新的火区。

科研、医疗、工业、农业、军事等领域的含有放射性物质的设备因遭受火灾而泄漏时，会对人体造成放射性伤害并严重污染环境。

火灾事故现场情况不仅千差万别，而且救援行动有时还面临着复杂的环境和条件。如有带电、严寒、沸溢与喷溅等特殊情况，都可能对救援人员造成伤害。

爆炸的分类

为了便于认识爆炸性质和发生规律，可以从不同角度对爆炸进行分类。

1. 按照爆炸性质分类

（1）物理性爆炸。它是由物理因素（温度、压力、体积等）的变化引起。

在物理爆炸前后，物质的性质与化学成分均不改变，如锅炉爆炸、压力容器超压爆炸、蒸气爆炸等。

（2）化学性爆炸。爆炸发生时，物质由一种化学结构迅速转变为另一种化学结构，并瞬间放出大量的能量，对外做功形成灾害。如可燃气体或粉尘与空气形成的爆炸性混合物爆炸，炸药失控爆炸等。

2. 按照爆炸反应相分类

（1）气相爆炸。包括可燃气体和助燃气体混合物爆炸，气体热分解爆炸，液体被喷成雾状物点燃后引起的爆炸，飞扬、悬浮于空气中的可燃物尘引起的爆炸等。

（2）液相爆炸。包括聚合爆炸、由不同液体混合引起的爆炸等如硝酸甘油酯混合时引起的爆炸。

（3）固相爆炸。包括失控爆炸性化合物爆炸。

3. 按照爆炸传播速度分类

按照爆炸传播速度，化学爆炸可分为爆燃、爆炸、爆轰。

（1）爆燃。爆炸物质的变化速率为每秒数十米至百米，爆炸时压力不激增，没有响声，无多大破坏力。例如气体爆炸性混合物在接近爆炸浓度下限或上限的爆炸属爆燃。

（2）爆炸。爆炸物质的变化速率为每秒百米至千米，爆炸时仅在爆炸点引起压力激增，有震耳的响声和破坏作用，如火药受摩擦或遇火源引起的爆炸。

（3）爆轰。这种爆炸的特点是突然升起极高的压力，其传播是通过超音速的冲击波实现的，每秒可达数千米。这种冲击波能远离爆轰发源地存在，并引起该处其他炸药的爆炸，具有很大的破坏力。

4. 按照爆炸发生原因及过程分类

（1）燃烧类爆炸。指处于密闭、敞开或半敞开式空间的可燃物质，在某种火源作用下引起的燃烧爆炸事故。

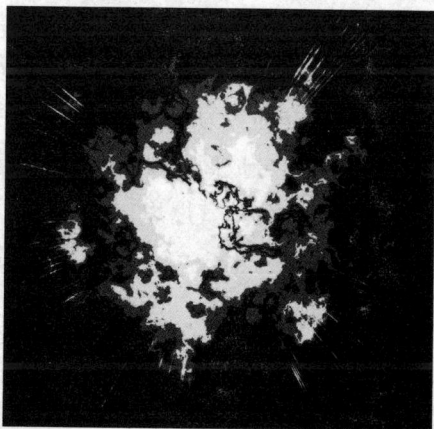

29

（2）泄漏类爆炸。指处理、贮存或运输可燃物质的容器、机械设备，因某种原因造成破裂而使可燃物质泄漏到大气中或进入有限空间内或外界空气进入装置内，遇引火源发生的燃烧爆炸事故。

（3）自燃类爆炸。可燃物不与明火接触而发生着火燃烧的现象称为自燃，由此引发的燃烧爆炸事故为此类。

（4）反应失控类爆炸。正常的工艺条件发生失调，使反应加速、发热量增多、蒸气压过大或反应物料发生分解、燃烧而引起的爆炸。这种事故多发生在反应器（釜、罐、塔、锅、槽）中，当放热化学反应进行时，因其反应热不能及时通过搅拌、蛇管或夹套冷却移出反应体系之外，导致蒸气压力剧增而发生爆炸事故。

（5）传热类蒸气爆炸。因热量由高温物体急剧地向与之接触的低温液体传递，造成液相向气相的瞬间相变而发生的爆炸事故。这种爆炸事故属于潜热型火灾爆炸事故。作为容易产生传热类蒸气爆炸的物质除水以外，还有低温液化气等石油制品类液体。

（6）破坏平衡类蒸气爆炸。指带压容器内的蒸气压平衡状态遭到破坏时，液相部分会立即转为过热状态，急剧沸腾而发生蒸气爆炸。按照爆炸前可燃液体的状态，可分成高压可燃液体的蒸气爆炸、加热可燃液体的蒸气爆炸和常温可燃液化气体的蒸气爆炸。

火灾爆炸事故的基本特点

1. 突发性

火灾和爆炸事故往往是在人们意想不到的时候突然发生的。虽然存在着事故征兆，但由于目前对火灾和爆炸事故的监测、报警等手段的可靠性、实用性和广泛性等尚不理想，加上至今还有相当多的人员（包括操作者和生产管理人员）对火灾和爆炸事故的规律及其征兆了解和掌握得不够，使他们对火灾和爆炸的发生没有及时发现。

2. 复杂性

发生火灾和爆炸事故的原因往往比较复杂。例如发生火灾和爆炸事故的条件之一引火源有明火、化学反应热、物质的分解自燃、热辐射、高温表面、撞击或摩擦、绝热压缩、电气火花、静电放电、雷电和日光照射等多种；至于另一个条件可燃物，更是种类繁多，包括各种可燃气体、可燃液体和可燃固体，特别是化工企业的原材料、化学反应的中间产物和化工产品，大多属于可燃物质。建筑的多样性使其结构复杂程度各异，火灾发生、发展、蔓延的规律有很大差别，如高层、超高层建筑，由于烟囱效应使火灾蔓延速度极快。此外，人员的安全意识、安全知识、自救能力、安全管理水平，消防条件中的探测、报警、排烟、疏散和扑救条件，形成灾害时的自然条件，如温度、风、雨等对于火灾和爆炸灾害的发生、发展、蔓延和扑灭过程都有不同程度的影响。

3. 瞬时性

大火来势迅猛，这是人尽皆知的。在火灾中，无论是灭火、救人还是自救逃生，都必须争分夺秒，准确把握稍纵即逝的灭火时机，选择最佳的逃生时机，尽最大努力，争取把火灾扑灭于初期阶段。无数事实证明，失去了灭火时机，会造成不堪设想的后果。

4. 严重性

火灾和爆炸事故所造成的后果，往往是比较严重的，主要表现在人员伤亡、财产损失、基础设施破坏、生产系统紊乱和社会经济正常秩序破坏等方面。同时，事故发生地的生产生活基础设施，包括供电、供水、供气、供热、交通和通信等设施也常受损，并难以修复，影响全局。

5. 连锁性

火灾爆炸事故发生后，火灾引发爆炸，爆炸又引发火灾，形成灾害链。由于建筑物构建紧密，工厂企业生产设备布置紧凑，相互贯通，极易引起连续性火灾爆炸事故。有可燃气体爆炸或粉尘爆炸危险的场所，初次爆炸后易导致周围的可燃气体或扬起的粉尘发生第二次、第三次甚至多次的连续爆炸。

6. 复燃复爆性

火灾扑救时，因指挥失误和灭火措施不当，熄灭的火灾还会复燃、复爆。灭火后的储罐、容器、设备、管道的壁温过高，如不继续进行冷却，会重新引起油品、物料燃烧。灭火后，燃烧区的压力设备，仍然继续升温升压而造成复爆。可燃气体或易燃液体，在灭火后未切断气源或液源的情况下，继续扩散、流淌，遇火源而发生复燃、复爆。

7. 施救困难性

火灾爆炸事故特点决定了其初期火灾得不到很好的控制，大面积或立体火灾爆炸发生，以及燃烧物质、产物的毒害作用导致火灾扑救难度大，参与灭火救援任务的人力物力多。目前国内火灾案例中，数百名消防指战员、数百辆消防车、数百吨灭火药剂参与灭火战斗的案例屡见不鲜。

爆炸的危害

爆炸是物质的一种非常急剧的物理、化学变化，也是大量能量在短时间内迅速释放或急剧转化成机械能的现象。通常发生化学爆炸时会释放出大量的化学能，爆炸影响范围较大；而物理爆炸仅释放出机械能，其影响范围较小。爆炸具有多种破坏形式，如冲击波、碎片冲击、震荡作用、造成二次事故等。

1. 冲击波

爆炸形成的高温、高压、高能量密度的气体产物，以极高的速度向周围膨胀，强烈压缩周围的静止空气，使其压力、密度和温度突然升高，像活塞运动一样向前推进，产生波状气压向四周扩散冲击。这种冲击波能造成附近建筑物的破坏，其破坏程度与冲击波能量的大小有关，与建筑物的坚固程度及其与产生冲击波的中心距离有关。

2. 碎片冲击

爆炸的机械破坏效应会使容器、设备、装置以及建筑材料等的碎片，在相当大的范围内飞散而造成伤害。碎片的四处飞散距离一般可达 100～500 米。

3. 震荡作用

爆炸发生时，特别是较猛烈的爆炸往往会引起短暂的地震波。例如，某市的亚麻厂发生麻尘爆炸时，有连续 3 次爆炸，结果在该市地震局的地震检测仪上，记录了在 7 秒内的曲线上出现 3 次高峰。在爆炸波及的范围内，这种地震波会造成建筑物的震荡、开裂、松散倒塌等危害。

4. 造成二次事故

发生爆炸时，如果车间、库房（如制氢车间、汽油库或其他建筑物）里存放有可燃物资，会由爆炸引起火灾；高空作业人员受冲击波或震荡作用，会造成从高处坠落事故；粉尘作业场所轻微的爆炸冲击波会使积存于地面上的粉尘扬起，造成更大范围的二次爆炸；爆炸产生的大量毒性气体产物引发中毒事故等。

第 二 章

火灾的预防与监测

火灾探测与报警技术的发展史

　　火灾探测技术是火灾预防技术的重要内容，它前后经历了约一个多世纪的发展过程。1890 年，英国就出现了利用金属材料热反应性能，研制出感温元件测报火灾的装置。20 世纪初奥地利物理学家施卫德勒（Schwidler）研究发现了电离子吸附气溶胶粒子的现象并被用于电子仪器仪表工业。第二次世界大战期间，瑞士西伯乐斯（Cerberus）公司研制出世界上第一只离子感烟火灾探测器，距今也有 70 多年了。第二次世界大战结束后，随着电子、微电子技术的不断进步，火灾探测报警技术得到迅速发展。我国的火灾电子自动探测报警技术，起步于 20 世纪 70 年代。近年来，我国火灾报警产业化的发展非常迅速，现在一般通用型的各类探测报警设备都能生产。20 世纪 90 年代，我国火灾报警技术从多线制发展至总线制，从传统的开关量感烟、感温探测技术发展到具有模拟量、多传感、多判据等的智能型探测技术；从单一的火灾报警发展到结合消防联动、城市消防管理和消防通信指挥的联动控制技术。

火灾探测技术的发展

　　当今的火灾探测技术产品中，数量最多、应用最广的是接触型火灾探测器。它们在大量建筑物（写字楼、公寓楼等）中获得广泛使用。在火灾探测技术发展早期，火灾科学研究的最初原动力并非是建筑业，而是国防和航空工业。离子探测器出现之后，感温探测器被排挤到了次要地位。迄今为止，离子探测器占到已装火灾探测器总量的90%，以绝对优势统治了30年之久。20世纪70年代末，高寿命的光电元件技术取得突破，光电感烟探测器应运而生。20世纪80年代后，火灾探测技术与其他技术开始了更广泛的交叉和结合，探测智能、监控智能和抗干扰算法在火灾探测技术中的应用，使火灾探测技术进入了一个全新的发展时期，与信号处理技术、人工智能技术和自动控制技术更紧密地联系在一起，火灾探测算法在改进探测系统性能上的作用日益突出。如今，火灾探测技术得到了前所未有的广泛应用。在发达国家，火灾探测器几乎无处不在，从民居、写字楼到工业设施、政府机构和运输系统，随处可见火灾探测器的身影。现今火灾探测的研究焦点是如何量化探测器所处的火灾和非火灾环境，其发展主要有两个方向：①纵向延伸，发展新的火灾判据、新的火灾识别模式和相应的火灾探测器或复合探测器。②横向延伸，基于现有的探测原理方法，与其他技术交叉，通过改进信号采集和处理方法来改善系统性能。在可燃气体探测中，敏感元件和材料的发展起了很重要的作用。近几年来随着纳米技术的发展，探测元件的灵敏度有了很大的提高，其体积较原来变得更小。

未来火灾探测应用研究的发展方向将主要偏于以下方面：①提高探测系统性能，在现有工艺的基础上，准确区分火灾与非火灾的环境变化。②采用新型探测技术和探测器，扩展现有系统的能力。③发展特殊危险环境下（如电信大楼、计算机网络中心和载人航天器）或动态环境下的火灾探测技术。

在火灾探测的研究基础上，可获得持续发展的方向有：①如何预知现有探测扑救系统在非理想的实际状况下的性能。②如何区分与火灾现象具有相同或相似产物的背景源、加热和燃烧状况下的材料行为。③如何探测低浓度的热解或燃烧产物（光、热、烟气）等。

在探测的应用技术方面，将在以下方面获得进一步发展：①其他领域的新技术引发火灾探测技术新途径。②多元复合探测和多判据探测，其中以气体复合探测器为代表。③激光技术在火灾探测中的应用。激光图像粒径分群将是一

种有效的火灾/非火灾识别方法，激光前向/后向散射的应用将极大改善光点激光感烟探测的性能。④模糊逻辑、神经网络算法和其他小波变换的信号处理方法在探测算法中的引入。⑤火灾探测技术与自动化、现代通信技术、智能大厦技术的进一步结合，火灾探测系统更趋自动化、开放化和模块化。

火灾报警系统的发展

火灾自动报警系统是涉及火灾自动报警系统各方面的一项综合性消防技术，是现代电子技术和计算机技术在消防中应用的产物，也是现代消防技术的重要组成部分和新兴技术学科。为此，火灾自动报警系统所涉及的研究内容包括下列几个方面。

（1）火灾参数的有效识别与检测技术。

（2）火灾信息处理与自动报警技术。

（3）消防设备联动控制技术。

（4）相关的电气配线技术。

（5）消防系统计算机管理与数据通信技术。

（6）火灾自动报警系统工程设计、施工管理和使用维护技术。

火灾自动报警系统作为我国 20 世纪 80 年代新兴的技术密集型产品，实际上是从"七五"才开发的，特别是改革开放以来，由于社会主义建设的迅速发展，高层建筑和建筑群的不断涌现以及有关部门的重视和支持，火灾自动报警系统的市场需求量不断扩大，促进了这一产业的蓬勃发展。通过各方面的共同努力，使得我国火灾自动报警系统的研制、开发、生产和应用等方面取得了令人瞩目的成就。

以火灾自动报警系统为中心的我国消防电子技术，在其科研、产品开发和系统应用等方面都取得了令人瞩目的成就。产品品种及其产量增长迅速、质量稳步提高。近年来，我国将消防电子技术列为高技术门类的一种学科，它包含：光电子技术、传感器、自动控制、计算机、通信技术，同时还涉及热工技术、特殊材料、化工等技术领域。在我国，虽然火灾自动报警系统的应用时间不长，但在许多装有国产自动报警系统的现代化建筑中，当火灾发生时，由于系统及时准确报警，把火灾消灭在初期阶段，大大减少了火灾的危害。

火灾自动报警系统在设计能力、工程安装、调试开通、工程监审等方面，都已取得了很大的进展，成绩喜人。但是也存在不少问题，许多城市都有安装的报警设备通过了消防验收而不能正常工作的大楼，这类情况前几年发生较多。同时，专业消防施工队伍少，交验后的技术服务，如保修、技术培训等跟不上，也是一个突出问题。从产品质量上看也不尽人意。如探测器，要求可靠性高、抗干扰能力强，在较为恶劣的使用环境中能正常工作，但是国产各类探测器感烟、感温、感光、感气等，在高温高湿下往往误报率高，有的甚至不能正常工作。控制器存在的主要问题是：工艺差、布线乱、金属件易锈腐、备用电池质量不过关、焊接工艺差、有的厂家印制板不符合国家标准，这些问题都有待于进一步完善。联动系统，各个厂家已采用总线制，但有的元件功率太小，易损坏。又如水喷淋头用玻璃球式，在较低的温度下易破裂，造成事故，而且更换比较困难，有待改进。目前，我国火灾自动报警设备、自动灭火设备产品的质量水平，还达不到国外工业发达国家产品的水平。

火灾自动报警系统的发展趋势

火灾自动报警系统的技术发展与微电子技术、计算机技术、通信技术和信息技术密切相关，还包含了光电子技术、传感器技术、自动控制技术、热工技术、特殊材料、化工等专业领域的知识。火灾自动报警系统的发展趋势主要涉及下列几个方面。

（1）模拟量。火灾自动报警系统是现代火灾自动报警系统的一种较先进的系统，它是 20 世纪 80 年代兴起的一种新一代火灾报警系统。国外，有关企业竞相开发、生产现代火灾报警系统，其发展的特点是智能化程度逐步提高，功能也愈来愈强。预计在今后几年内，国外的现代火灾自动报警系统将取代传统系统，获得更为普遍的应用。近期，国内一些厂家也推出了模拟量火灾报警系统。

（2）可寻址开关量。火灾报警系统和分级报警式火灾自动报警系统作为"初级智能"的火灾自动报警系统获得普遍应用。在此基础上，以火灾模化技术为基础的、具有像人的感觉器官那样高可靠火灾探测功能的高级智能化火灾自动报警系统正在研制，其特点是先进的、高可靠的各类传感器及其与计算机的配合。采用人工神经网络等先进火灾探测算法实现火灾判定，最终产生具有感觉器官和自动消防功能的机器人。我国目前实现了依据火的光谱特性和火灾图像特征，利用图像识别技术判别真假火灾，并获得实际应用。

（3）在近期国外建成的现代化高层建筑中，比较先进的自动消防系统是采用多级计算机分级管理方式。即把大厦内防灾、电力与空调管理组合在一个完整的计算机管理系统中，而防灾（主要是自动消防系统）、电力和空调分别由专用微型计算机进行管理和控制。适应了智能化建筑将楼宇内防灾、电力、空调、节能、设备监控管理组合为一个完整的计算机管理系统的需要。

（4）20 世纪 90 年代前后火灾自动报警系统自身结构以微型计算机为主体，从多线制系统连接过渡到了总线制。随着现代建筑技术的发展，火灾自动报警系统趋向于以工业控制机为主体，以现场总线为基础实现开放式功能连接。

（5）专用集成电路设计与应用技术将成为智能化火灾参数传感器的核心。目前国外已在一块硅片上集成了相当于人眼的光电转化部分、相当于人视觉神经的信号传输部分和相当于人脑的记忆和演算部分，这种传感器的批量生产将进一步促进火灾自动报警系统的智能化。

（6）以火灾探测算法为基础的烟、温复合式火灾探测器已批量生产并应用于工程，提高了火灾自动报警系统的报警及时性和可靠性。在此基础上的三参数复合式及多参数复合式火灾探测器的研究将有利于现有火灾自动报警系统可靠性的进一步提高。

（7）无线遥控式火灾自动报警系统已在国外逐步实现产品化，这对于消防电子产品，尤其是对火灾探测报警系统的及时性具有巨大的推动作用。

（8）计算机多媒体和数据库技术有助于实现计算机火灾报警语音化和长期数据存储，所有火灾预警、火警都采用语音提示人们处置，同时自动记录火灾现场各种数据参数，供人们分析火灾原因。

（9）20世纪90年代初，中国科学技术大学火灾科学国家重点实验室的科技人员率先根据火的光谱特性和火灾图像的特征，利用图像处理的方法识别真假火灾，取得了多项科研成果，申请了多项发明专利，并在高科技产业化方面做了大量工作，取得了良好的经济效益和社会效益。

（10）网络化。火灾自动报警系统网络化是用计算机技术将控制器之间、探测器之间、系统内部、各个系统之间以及城市"119"报警中心等通过一定的网络协议进行相互连接，实现远程数据的调用，对火灾自动报警系统实行网络监控管理，使各个独立的系统组成一个大的网络，实现网络内部各系统之间的资源和信息共享，使城市"119"报警中心的人员能及时、准确掌握各单位的有关信息，对各系统进行宏观管理，对各系统出现的问题能及时发现并及时责成有关单位进行处理，从而弥补现在部分火灾自动报警系统擅自停用，值班管理人员责任心不强、业务素质低、对出现的问题处置不及时不果断等方面的

不足。

(11)智能化。火灾自动报警系统智能化是使探测系统能模仿人的思维，主动采集环境温度、湿度、灰尘、光波等数据模拟量并充分采用模糊逻辑和人工神经网络技术等进行计算处理，对各项环境数据进行对比判断，从而准确地预报和探测火灾，避免误报和漏报现象。发生火灾时，能依据探测到的各种信息对火场的范围、火势的大小、烟的浓度以及火的蔓延方向等给出详细的描述，甚至可配合电子地图进行形象提示、对出动力量和扑救方法等给出合理化建议，以实现各方面快速准确反应联动，最大限度地降低人员伤亡和财产损失，而且火灾中探测到的各种数据可作为准确判定起火原因、调查火灾事故责任的科学依据。此外，规模庞大的建筑使用全智能火灾自动报警系统，即探测器和控制器均为智能型，分别承担不同的职能，可提高系统巡检速度、稳定性和可靠性。

高层建筑中火灾探测的必要性

高层建筑的火灾危险性大，是由其自身的特点决定的。

(1)现代建筑楼层多，上下内外联系的主要交通工具靠电梯，一旦发生火灾，疏散困难，而且需要切断电梯，仅靠楼梯进行人员疏散。德国的资料显示，在60米高的高层建筑内，人群安全疏散时间长达半小时，150米的超高层建筑则需要2小时以上。美国等消防专家研究认为，建筑物以25层楼的高度为限，这是楼内人员安全疏散的最大限度。此外，由于楼层多、高度大，起火前室内外温差所形成的热风压大，起火后由于温度变化而引起火烟运动的火风压大，因而火烟蔓延、扩散迅速。

(2)室内装饰材料多，而且很大一部分是高分子材料，如窗帘、地毯、家具、吊顶材料等，这些基本都是易燃材料，遇火将分解出大量的烟气，其中有很多有毒气体。

（3）电气设备多，在现代高层建筑中，使用了大量的电气设备如照明灯具、电冰箱、电视机、电话、自动电梯和扶梯、电炉、空调设备、火灾自动报警设备、自备发电机组等，有的还设有通信、广播电视、大型电子计算机等电气设备。配电线路密如蜘蛛网，若一处打起电火花或绝缘层老化碰线而燃烧，火焰会随导线迅速蔓延。

（4）高层建筑中人员密集，一般高层建筑容纳有成百上千甚至数以万计的人员，一遇火灾，难以疏散逃离。

（5）高层建筑功能多，现代高楼大厦多系一幢多用的综合大楼，如设有办公室、会议厅、放映演播厅、商业贸易厅、饭店、旅馆、公寓、住宅、餐厅、歌舞厅、游乐场、室内运动场等，以及自身必要的厨房、娱乐房、变配电室、物资保管室、汽车库及各种库房的不同功能的用房，造成疏散通道曲折隐蔽。

（6）管道竖井多，高层建筑楼内必然设置有电梯及楼梯井、上下水管道井、电线电缆井、垃圾井等。这些竖井如未加有垂直和水平方向隔断措施，一旦火烟窜入，则会产生"烟囱"效应，将火烟迅速蔓延扩散到上层楼房。

从上述高层建筑的特点，便产生了建筑火灾的危险性，亦即其火灾特性。分析研究这些特点采取相应的对策，减少火灾的发生，即使发生火灾，立即将它扑灭在火灾的初起阶段。现代建筑火灾产生的烟气多，需要疏散的人员多，烟毒气大；火势蔓延快、烟气扩散快；人员安全疏散难，消防灭火扑救难。所以，尽早地发现火灾，给人员疏散带来宝贵的时间，就显得尤为重要。在分析任何火灾时，主要考虑的是探测即发现火灾的问题。在高层建筑中火灾探测和自动报警设备更是必不可少的。

火灾探测技术

物质在燃烧过程中，通常会产生烟雾，同时释放出称为气溶胶的燃烧气体，它们与空气中的氧发生化学反应，形成大量含有红外线和紫外线的火焰，导致周围环境温度逐渐升高。这些烟雾、温度、火焰和燃烧气体称为火灾参量。火灾探测器的基本功能就是对烟雾、温度、火焰和燃烧气体等火灾参量做出有效反应，通过敏感元件，将表征火灾参量的物理量转化为电信号，送到火灾报警控制器。根据监测的火灾特性不同，火灾探测器可分为感烟、感温、感光、复合和可燃气体等五种类型。

感烟探测技术

火灾探测是以物质燃烧过程产生的各种现象为依据，采用不同的火灾探测方法和探测器来实现对火灾参数的有效探测，因此，不同的火灾探测器其结构和工作原理也是不同的。

火灾报警宜早不宜迟，在火灾发生的初始阶段及时报警，采取灭火措施最好；烟雾是火灾的早期现象，在可能产生阴燃火的场所，在火焰出现前有浓烟扩散、发生无焰火灾的场所，利用感烟式火灾探测器可以最早感应火灾信号，所以，感烟式火灾探测器是目前应用较普及、数量较多的火灾探测器。

离子型感烟火灾探测器

离子感烟式火灾探测器是采用空气离化火灾探测的方法构成和工作的，它是利用放射性同位素释放 α 射线将局部空间的空气电离产生正、负离子，在外加电场的作用下正、负离子的定向漂移形成离子电流，当火灾产生的烟雾及燃烧产物即烟雾气溶胶进入电离空间（一般称作电离室）时，比表面积较大的烟雾粒子将吸附其中的带电离子，使漂移速度降低且复合概率增加，从而使离子电流减小，经电子线路加以检测，最终获得与烟浓度有直接关系的电测信号，用于火灾确认和报警。

感烟电离室特性

感烟电离室是离子感烟式火灾探测器的核心传感器件，两电极间的空气分子受到放射源不断放出的 α 射线照射，高速运动的 α 粒子撞击空气分子，从而使得两电极间空气分子电离为正离子和负离子，这样，电极之间原来不导电的空气具有导电性。此时在电场作用下，正、负离子的有规则运动，使得电离室呈现典型的伏安特性，形成离子电流。离子电流的大小与电离室的几何尺寸、放射源的活度、α 离子能量、施加的电压大小以及空气的密度、湿度、温度和气流速度等因素有关。

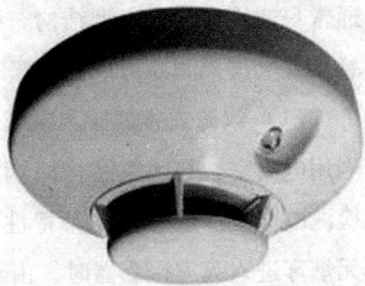

在电离室中，用于产生放射线的 α 放射源有镭 266（^{266}Ra）、钚 238（^{238}Pu）、钚 239（^{239}Pu）和镅 241（^{241}Am）。目前，普遍采用^{241}Amα 放射源作为离子感烟式火灾探测器的放射源。^{241}Amα 放射源有几个显著的特点：①α 射线（高速运动的 α 离子流）具有较强的电离作用。②α 粒子射程较短。③成本较低。④半衰期较长（433 年）。

在离子感烟式火灾探测器中，电离室可以分为双极性和单极性两种结构。整个电离室全部被 α 射线照射的称为双极性电离室；电离室局部被 α 射线照射，使一部分形成电离区，而未被 α 射线照射的部分成为非电离区，从而形成单极性电离室。一般，离子感烟探测器的电离室均设计成单极性的。当发生火灾时，烟雾进入电离室后，单极性电离室要比双极性电离室的离子电流变化大，可以得到较大的反映烟雾浓度的电压变化量，从而提高离子感烟式火灾探测器的灵敏度。

当有火灾发生时，烟雾粒子进入电离室后，电离部分（区域）的正离子和负离子被吸附到烟雾粒子上，使负离子的漂移速度大大降低，同时也使正、负

离子相互中和的概率增加，从而将烟雾粒子浓度大小以离子电流变化量大小表示出来，实现对火灾参数的检测。

采用空气离化探测法实现的感烟探测，对于火灾初起和阴燃阶段的烟雾气溶胶检测非常灵敏有效，可测烟雾粒径范围在 0.03～10 微米。这类火灾探测器通常只适用于构成点型结构。根据这种火灾探测器内电离室的结构形式，离子感烟式火灾探测器可以分为双源感烟式和单源感烟式火灾探测器。

（1）双源式感烟探测原理。在实际设计中，开室结构即烟雾容易进入的检测用电离室，与闭室结构即烟雾难以进入的补偿用电离室采取反向串联连接，检测电离室一般工作在其特性的灵敏区，补偿电离室工作在其特性的饱和区。无烟雾进入火灾探测器时，由于检测和补偿电离室的反串联式结构，火灾探测器工作点在其特性曲线的 A 点；当有烟雾进入火灾探测器时，由于烟雾粒子对带电离子的吸附作用，火灾探测器工作在其特性曲线的 B 点，从而形成电压差，其大小反映了烟雾粒子浓度的大小。经电子线路对电压差的处理，可以得到火灾时产生的烟浓度的大小，用于确认火灾发生和报警。在离子型感烟火灾探测器中，电子线路的选择不同，可以实现不同的信号处理方式，从而构成不同形式的离子型感烟火灾探测器。例如，电子线路选用阈值比较放大的开关电路，可以构成阈值报警式离子感烟火灾探测器；选用 A/D 或 A/F 转换和编码传输电路，可以构成带地址编码的类比式离子感烟火灾探测器；选用 A/D 转换、编码传输和微处理单元电路，可以构成分布智能式离子感烟火灾探测器。采用双源反串联式结构的离子感烟火灾探测器可以减少环境温度、湿度、气压等条件变化对离子电流的影响，提高火灾探测器的环境适应能力和工作稳定性。

（2）单源式感烟探测原理。单源式离子感烟检测电离室和补偿电离室由电极板 P_1、P_2 和 P_m 等构成，共用一个 $^{241}Am\alpha$ 放射源。在火灾探测时，探测器的烟雾检测电离室（外室）和补偿电

离室（内室）都工作在其特性曲线的灵敏区，利用 P_m 极电位的电化量大小反映进入的烟雾浓度变化，实现火灾探测和报警。

单源式离子感烟火灾探测器的烟雾检测电离室和补偿电离室在结构上基本都是敞开的，两者受环境条件缓慢变化的影响相同，因而提高了对使用环境中微小颗粒缓慢变化的适应能力。特别是在潮湿地区，要求探测器有抗潮能力，单源式离子感烟火灾探测器的自适应性能比双源式离子感烟火灾探测器要好得多，但目前双源式离子感烟火灾探测器也可以通过电路参数调整以及与火灾报警控制器软件配合来提高抗潮能力。单源式离子感烟火灾探测器也可根据火灾信号数据处理要求，在信号处理电路方面采取不同的电路结构，构成阈值比较、类比判断和分布智能等探测器结构类型和火灾信号处理方式。

光电感烟式火灾探测器

根据烟雾粒子对光的吸收和散射作用，光电感烟式火灾探测器可分为减光式和散射光式两种类型。目前的光电感烟火灾探测器在很大程度上都实现了智能化，主要是通过微处理器和软件算法实现的，其智能化水平主要体现在火灾探测的可靠性、自适应能力、抗干扰能力等方面。

1. 减光式光电感烟探测原理

进入光电检测暗室内的烟雾粒子对光源发出的光产生吸收和散射作用，使通过光路上的光通量减少，从而在受光元件上产生的光电流降低。光电流根据初始标定值的变化量大小，反映烟雾的浓度大小，据此可通过电子线路对火灾信息进行阈值放大比较、类比判断处理或火灾参数运算，最后通过传输电路产生相应的火灾信号，构成开关量火灾探测器、类比式模拟量火灾探测器或分布智能式智能化火灾探测器。

减光式光电感烟火灾探测原理可用于构成点型结构的火灾探测器，用微小的暗箱式烟雾检测室探测火灾产生的烟雾浓度大小，实现有效的火灾探测。但是，减光式光电感烟探测原理更适用于构成线测结构的火灾探测器，实现大面积火灾探测，如收、发光装置分离式主动红外光束感烟火灾探测器。

2. 散射光式光电感烟火灾探测原理

进入遮光暗室的烟雾粒子对发光元件（光源）发出的一定波长的光产生散

射作用（按照光散射定律，烟粒子需轻度着色，且当其粒径大于光的波长时将产生散射作用），使处于一定夹角位置的受光元件（光敏元件）的阻抗发生变化，产生光电流。此光电流的大小与散射光强弱有关，并且由烟粒子的浓度和粒径大小及着色与否来决定。根据受光元件的光电流大小（无烟雾粒子时光电流大小约为暗电流），即当烟粒子浓度达到一定值时，散射光的能量就足以产生一定大小的激励用光电流，可以用于激励遮光暗室外部的信号处理电路发出火灾信号。显然，遮光暗室外部的信号处理电路采用的结构和数据处理方式不同，可以构成不同类型的火灾探测器。如阈值报警开关量火灾探测器、类比判断模拟量火灾探测器和参数运算智能化火灾探测器。

散射光式光电感烟探测方式一般只适用于点型探测器结构，其遮光暗室中发光元件与受光元件的夹角为90°~135°，夹角愈大，灵敏度愈高。不难看出，散射光式光电感烟火灾探测原理，实质上是利用一套光学系统作为传感器，将火灾产生的烟雾对光的传播特性的影响，用电的形式表示出来并加以利用。由于光学器件特别是发光元件的寿命有限，因此，在电光转换环节多采用交流供电方案，通过振荡电路使发光元件产生间歇式脉冲光，并且发光元件和受光元件多采用红外发光元件——砷化镓二极管（发光峰值波长为0.94微米）与硅光敏二极管配对。一般散射光式感烟火灾探测器中光源的发光波长约为0.9微米，发光间歇时间为3~5秒，对燃烧产物中颗粒粒径为0.9~10微米的烟雾粒子能够灵敏探测，而对0.01~0.9微米的烟雾粒子浓度变化无灵敏反应。

感温探测技术

在火灾初起阶段，使用热敏元件来探测火灾的发生是一种有效的手段，特别是那些经常存在大量粉尘、油雾、水蒸气的场所，不能使用感烟式火灾探测器，用感温式火灾探测器比较合适。在某些重要的场所，为了提高火灾监控系统的功能和可靠性，或保证自动火灾系统动作的准确性，也要求同时使用感烟式和感温式火灾探测器。感温式火灾探测器可以根据其作用原理分为三类。一种能够感知环境温度异常高（大于60℃）或温升速率异常高（大于20℃/分钟）的传感器件（或称热传感器），前者称为定温探测器，后者称为差温探测器。复合式的差定温探测器，则是在温度达到一定值或温升速率达到一定值时，都可以动作发出火灾警报信号的热传感器。

定温式火灾探测器

定温式火灾探测器是在规定时间内，火灾引起的温度上升超过某个定值时启动报警的火灾探测器。它有点型和线型两种结构形式。线型结构的温度敏感元件呈线状分布，所监视的区域是一条线带。当监测区域中某局部环境温度上升达到规定值时，可熔的绝缘物熔化使感温电缆中两导线短路，或采用特殊的具有负温度系数的绝缘物质制成的可复用感温电缆产生明显的阻值变化，从而产生火灾报警信号。点型结构是利用双金属片、易熔金属、热电偶、热敏半导体电阻等元件，在规定的温度值产生火灾报警信号。目前，常用的定温式火灾探测器有双金属、易熔合金和热敏电阻几种形式。

1. 双金属型定温探测器

双金属片是由膨胀系数不同的两种金属组合在一起；受热时产生变形，带动动触头，与静触点接触，接通电路，输出报警信号。这种探测器适用于风大、烟尘多等恶劣环境中的火灾报警。这种双金属片定温火灾探测器在环境温度恢复正常后（即火灾过后），其双金属片也可以复原，火灾探测器可长时间重复使用，故它又称为可恢复型双金属定温火灾探测器。

2. 电子式定温火灾探测器

电子式定温火灾探测器是利用热敏电阻受到温度作用时，其自身在探测器电路中起的特定作用使探测器实现定温报警功能的。热敏电阻定温火灾探测器的工作原理：它采用一个临界温度热敏电阻，当温度上升达到热敏电阻的临界值时，其阻值迅速从高阻态转向低阻态，将这种阻值的明显变化采集并采用信号电路予以处理判断，可实现火灾报警。

3. 线型感温火灾探测器

线型感温火灾探测器一般采用定温式火灾探测原理并制造成电缆状。它的热敏元件是沿着一条线连续分布的，只要线段上任何一点的温度出现异常，就能探测到并发出报警信号。常用的有热敏电缆型和同轴电缆型两种，可复用式线型感温电线也有相应报道。热敏电缆型定温火灾探测器的构造是，在两根钢丝导线外面各罩上一层热敏绝缘材料后拧在一起，置于编织电缆的外皮内。热敏绝缘材料能在预定的温度下熔化。造成两条导线短路，使报警装置发出火灾报警信号。

同轴电缆型定温火灾探测器的构造是在金属丝编织的网状导体中放置一根导线，在内、外导体之间采用一种特殊绝缘物充填隔绝。这种绝缘物在常温下呈绝缘体特性，一旦遇热且达到一定温度则变成导体特性，于是造成内外导体之间的短路，使报警装置发出报警信号。

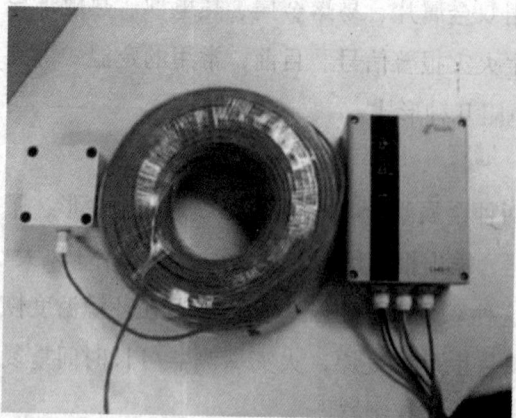

可复用电缆型定温火灾探测器的构造是，采用四根导线两两短接构成的互相比较的监测回路，四根导线的外层涂有特殊的具有负温度系数物质制成的绝缘体。当感温电缆保护场所的温度发生变化时，两个监测回路的电阻值会发生明显变化，达到预定的报警值时产生报警信号输出。这种感温电缆的特点是非破性报警，即发出报警信号是在感温元件的常态下产生出来的，除非电缆工作现场温度过高，同时感温电缆暴露在高温下的时间过久（直接接触温度高于250℃），否则它在报警过后仍能恢复正常工作状态。

差温式火灾探测器

差温式火灾探测器是在规定时间内，火灾引起的温度上升速率超过某个规定值时启动报警的火灾探测器。它也有线型和点型两种结构，线型结构差温式火灾探测器是根据广泛的热效应而动作的，主要的感温元件有按面积大小蛇形连续布置的空气管、分布式连接的热电偶以及分布式连接的热敏电阻等。点型结构差温式火灾探测器是根据局部的热效应而动作的，主要感温元件有空气膜盒、热敏半导体电阻元件等。消防工程中常用的差温式火灾探测器多是点型结构，差温元件多采用空气膜盒和热敏电阻。

当火灾发生时，建筑物室内局部温度将以超过常温数倍的异常速率升高。膜盒型差温火灾探测器就是利用这种异常速率产生感应并输出火灾报警信号。它的感热外罩与底座形成密闭的气室，只有一个很小的泄漏孔能与大气相通。当环境温度缓慢变化时，气室内外的空气可通过泄漏孔进行调节，使内外压力保持平衡。如遇火灾发生，环境温升速率很快，气室内空气由于急剧受热膨胀来不及从泄漏孔外逸，致使气室内空气压力增高，将波纹片鼓起与中心接线柱相碰，于是接通了电触点，便发出火灾报警信号。这种探测器具有灵敏度高，可靠性好，不受气候变化影响的特点，因而应用十分广泛。

差定温式火灾探测器

差定温式火灾探测器结合了定温式和差温式两种感温作用原理并将两种探测器结构组合在一起。在消防工程中，常见的差定温式火灾探测器是将差温式、定温式两种感温火灾探测器组装结合在一起，兼有两者的功能，若其中某一功能失效，则另一种功能仍然起作用。因此，大大提高了火灾监测的可靠性。差定温式火灾探测器一般多是膜盒式

51

或热敏半导体电阻式等点型结构的组合式火灾探测器。差定温火灾探测器按其工作原理，还可分为机械式和电子式两种。

感温式火灾探测器的主要性能指标

火灾探测器的性能指标是对其重要性能及其技术特征的一种表示，是工程技术人员在设计、安装、使用、维护探测器时的主要参考依据。火灾探测器的性能指标，均有自己的提法和标准，不尽相同。根据我国现有状况，并参照"国际标准草案"，对于感温探测器主要性能指标及其标准规定如下。

1. 灵敏度

灵敏度表示感温探测器对标定的温度值（定温式火灾探测器）或对标定的温升速率（差温式火灾探测器）的敏感程度（敏感程度以动作时间值表示）。一般将感温火灾探测器的灵敏度标定为三个等级，即一级、二级、三级，并分别用绿色、黄色和红色三种色点标记表示。

2. 标定值

标定值是指规定感温火灾探测器动作的动作温度值（定温式火灾探测器）或动作温升速率值（差温式火灾探测器）。

对于定温式火灾探测器，其标定动作温度值一般有 60℃、65℃、70℃、75℃、80℃、90℃、100℃、110℃、120℃、130℃、140℃、150℃ 等，其误差均限定为±5%之内。

对于差温式火灾探测器，标定动作温升速率值一般有 1℃/分钟、3℃/分钟、5℃/分钟、10℃/分钟、20℃/分钟、30℃/分钟等。

对于差定温式火灾探测器，其中差温部分与差温火灾探测器标定动作值相同，定温部分与定温火灾探测器基本相同。而唯一不同之处是定温部分在温升速率小于1℃/分钟时，其标定动作温度值以上下限值给出，即：

一级灵敏度——54℃<标定动作温度值<62℃；

二级灵敏度——54℃<标定动作温度值<70℃；

三级灵敏度——54℃<标定动作温度值<78℃。

3. 动作时间

感温式火灾探测器在某一设定的环境条件下，对标定的温度定温或标定的温升速率（差温），由不动作到动作所需时间的上限值被定为动作时间值。显然，对于相同标定值而言，探测器灵敏度越高，则动作时间值就越小。

4. 保护面积

火灾探测器的保护面积被定义为一只火灾探测器能够有效地探测到被监测区域内的火灾信息的最大地面面积。应当指出，火灾探测器的保护面积与火灾探测器的安装位置、安装高度等多种因素有关。

5. 工作电压及工作电流

国家标准规定火灾探测器的工作电压为 DC24V±10%，其目的是为了与国外消防器件、设备的工作电源 DC24V 相统一。火灾探测器的最大报警工作电流一般不超过 DC100mA。

6. 工作环境

火灾探测器是检测火灾信息的一种敏感元件，因此，环境状况对火灾探测器的灵敏度及准确性都有较明显的影响。工作环境指标通常都是从温度和湿度两方面提出限定范围值，一般火灾探测器的工作温度：−10 ~ 50℃（普通型）或−40 ~ 40℃（耐低温型）；环境湿度：不大于90% ±3%（35℃时），或不大于95% ±13%（40℃时）。

感光探测技术

感光式火灾探测器主要是指火焰光探测器，主要适用于监视有易燃物质区域的火灾发生，如仓库、燃料库、变电所、计算机房等场所，特别适用于没有阴燃阶段的燃料火灾（如醇类、汽油、煤气等易燃液体、气体火灾）的早期检测报警。按检测火灾光源的性质分类，有紫外感光火灾探测器和红外感光火灾探测器两种。

紫外感光火灾探测器

这种探测器适用于有机化合物燃烧的场合，例如油井、输油站、飞机库、可燃气罐、液化气罐、易燃易爆品仓库等，特别适用于火灾初期不产生烟雾的场所（如生产储存酒精、石油等场所）。有机化合物燃烧时，辐射出波长约为

250 纳米的紫外光。火焰温度越高，火焰强度越大，紫外光辐射强度也越高。探测器中的紫外光敏管，对紫外线辐射的响应范围为 185~260 纳米，可以对易燃物火灾进行有效报警。而阳光辐射的紫外线波长下限为 290 纳米，人工照明光源的紫外线波长在 300 纳米以上，均在紫外光敏管响应范围之外，不会产生干扰，误报很少。

紫外感光火灾探测器的敏感元件是紫外光敏管。它是在玻璃外壳内装置两根高纯度的钨或银丝制成的电极。火焰产生的紫外光辐射，从反光环和石英玻璃窗进入，被紫外光敏管接收，当电极接收到紫外光辐射时立即发射出电子，并在两极间的电场作用下被加速。由于管内充有一定量的氢气和氦气，所以，当这些被加速而具有较大动能的电子同气体分子碰撞时，将使气体分子电离，电离后产生的正负离子又被加速，它们又会使更多的气体分子电离。于是在极短的时间内，造成"雪崩"式的放电过程，从而使紫外光敏管由截止状态变成导通状态，驱动电路发出报警信号。石英玻璃窗有阻挡波长小于 185 纳米的紫外线通过的能力，而紫外光敏管接收紫外线上限波长的能力取决于光敏管电极的材质和温度以及管内充气的成分、配比和压力等因素。紫外线试验灯发出紫外线，经反光环反射给紫外光敏管，用来进行探测器光学功能的自检。

目前消防工程中所应用的紫外感光火灾探测器都是由紫外光敏管与驱动电路组合而成的。根据紫外光敏管两端外施电压的特性，可分为直流供电式电路与交流供电式电路两种。

紫外感光火灾探测器在使用中应当注意如下事项：

（1）应避免阳光直接照射，以防止阳光中的微弱紫外光辐射造成误报警。

（2）在安装有紫外感光火灾探测器的保护区域及其邻近区域

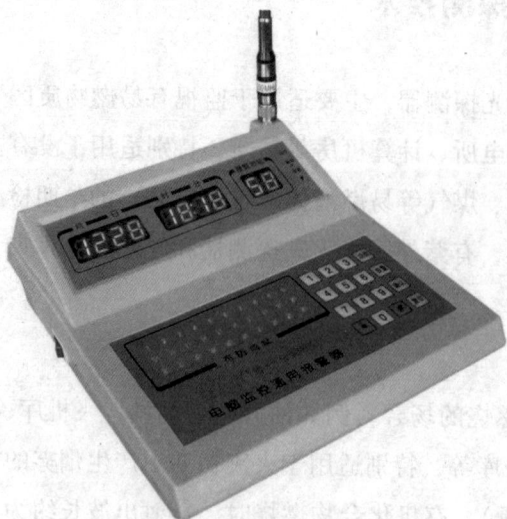

内，不能进行电焊操作，若必须进行电焊操作，则应采取相应措施，以防误动作报警。

（3）在安装紫外感光探测器的区域及其周围区域，不允许安装发射大量紫外线的碘钨灯等照明设备，以免引起误动作。

（4）在外界环境影响下，长期使用紫外光敏管可能会造成管子特性变化，形成自激现象，从而导致紫外感光火灾探测器频繁误报警，这时需更换紫外光敏管。

（5）对紫外光敏管应经常清洁，定期维修，以确保透光性良好。

红外感光火灾探测器

红外感光火灾探测器是利用红外光敏元件（硫化铅、硒化铅、硅光敏元件）的光电导或光伏效应来敏感地探测低温产生的红外辐射的，红外辐射光波波长一般小于 0.76 微米。

由于自然界中只要物体高于绝对零度都会产生红外辐射，所以，利用红外辐射探测火灾时，一般还要考虑物质燃烧时火焰的间歇性闪烁现象，以区别于背景红外辐射。物质燃烧时火焰的闪烁频率为 3 ~ 30Hz。

火焰的红外线输入红外滤光片滤光，排除非红外光线，由红外光敏管接收转变为电信号，经放大器放大和滤波器滤波（滤掉电源信号干扰），再经内放大器、积分电路等触发开关电路，点亮发光二极管（LED）确认灯，发出报警信号。

红外感光火灾探测器在使用时应当注意以下事项：

（1）在安装红外感光火灾探测器的探头时，应避开阳光的直射及反射，也应避开强烈灯光的照射，以防止由此引起的误报警。

（2）对探头光学部分应定期清洁，当红玻璃有灰尘或水汽时，可用擦镜纸或绒布擦拭。

（3）红外感光火灾探测器的报警灵敏度，是通过电路中三极管 BG5 集电极回路上的 100kΩ 电位器来调节的，通常使电压放大器的放大倍数在 40 ~ 400 倍之间变化，可得到较为合适的灵敏度；灵敏度切不可调得太高，以免因过于灵敏而出现误报警。

智能型火灾探测技术

近年来，智能控制技术已取得了突飞猛进的发展，并日益显示出其重要价值。智能控制已成为人工智能、控制论、系统论、信息论、认知心理学、认知生理学、认知工程学、语言学、逻辑学、仿生学、机器人学、VLSI 工程和计算机科学等多种学科的综合与集成，吸引了全球不同领域、不同学科的众多专家学者，进行着广泛的研究工作，并不断探索新的方法、新的理论和新的有效的实际应用。人们正努力使智能控制技术进入工程化和实用化阶段。智能控制已渐渐渗透到人们生产、生活的各个领域，成为人们生活的重要组成部分。这种系统探测器根据探测环境的变化而改变自身的探测零点，对自身进行补偿，并对自身能否可靠地完成探测做出判断，而控制部分仍是开关量的接收型。这种智能系统解决了由探测器零点漂移引起的误报和系统自检问题。下面简单介绍几种常见的智能探测技术。

基于模糊神经网络的火灾探测技术

模糊逻辑和神经网络是非常有效的仿人类思维的智能化技术，将它们运用于火灾探测器，能很好地实现对多传感器探测到的各种环境特征参数的智能处理，有效提高探测灵敏度，大大提高系统的抗干扰能力和环境适应能力。模糊神经网络不是简单的模糊技术加神经网络，而是把神经网络技术与模糊技术结合为一个有机的整体，并由大量的模糊神经元相互连接构成。本系统是将模糊规则和隶属度函数用神经网络表现出来，将隶属度函数的参数赋予神经网络的权值，生成的神经网络用于实现模糊推理。神经网络火灾探测模型是一个根据经验数据得到的一类火灾探测模型，用模糊神经网络来描述。

将模糊系统与神经网络相结合，构成模糊神经网络来实现火灾探测，首先将传感器的输出信号送入模糊系统以充分提取火灾特征，接着神经网络处理后，利用模糊逻辑来判决神经网络的输出结果。模糊逻辑和神经网络的复合算法能够有效地提高报警系统的自适应性，减少误报，提早报警。模糊信息处理与神经网络信息处理是相互关联、相互渗透的。将模糊逻辑系统与神经网络结合起来，取长补短，能把信息处理领域提高到一个新的高度。一般来说，输入的确定信息可以模糊化为模糊量，其对应的隶属度值可以作为模式输入，而输出的模糊信息又可以非模糊化成确定性信息。因此，如果将神经网络系统与模糊理论结合起来，形成模糊神经网络系统，那么就可以充分利用两者的优势，获得更佳的信号处理性能。在这样的系统中，神经网络模拟大脑的拓扑结构，即"硬件"，模糊逻辑系统模拟信息模糊处理的思维能力，即"软件"。模糊逻辑与神经网络的结合就产生了模糊神经网络。模糊逻辑系统和人工神经网络结合的途径如下。

1. 主从型结合（串联型）

在这种结构中，模糊逻辑系统与人工神经网络一主一次。通常先由模糊逻辑系统对数据样本进行处理，再由人工神经网络进一步完善，或者相反。这种情况可看成是两段推理或串联中的前者作为后者输入信号的预处理部分。例如应用神经网络处理模糊系统的输入数据，可以实现数据整理聚集和抑制噪声，使获得模糊规则的过程变得容易。主从型结构的模糊神经网络的最大特点是模糊逻辑系统与人工神经网络的相互独立性。

2. 融合型结合

在这种结构中，模糊逻辑系统与人工神经网络无主次之分，而是两相结合，用其中一个来实现另一个不能实现或是难以实现的功能。

融合型的优势主要体现在以下几个方面：

（1）模糊推理技术加快神经网络学习速度，然后用此神经网络来构造高性能的模糊逻辑系统。

（2）用神经网络提取模糊规则，使模糊逻辑系统也具有一定程度的"自学习"能力。

（3）实现模糊逻辑推理而输入量和权值都为精确值的神经网络。

火灾探测算法应用神经网络理论与模糊系统的优势如下：

（1）光电、感温、CO 气体等多种不同信号输入之间的关系复杂，无法构建准确的数学模型，而神经网络、模糊系统都能很好地适用于数学模型未知的结构。

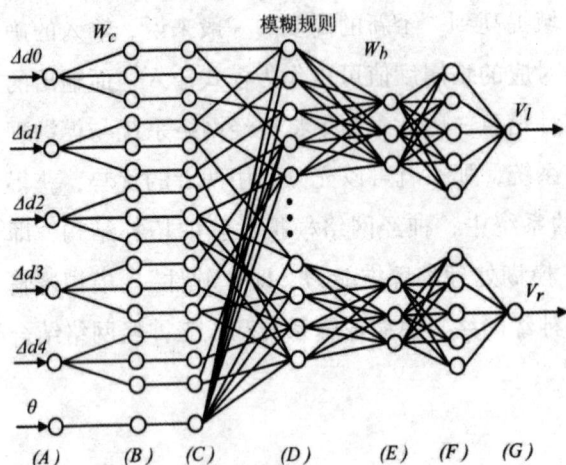

模糊神经网络结构图

(2) 对于火灾探测这种非结构问题，人的识别能力最强，而人的判断是由大脑的神经网络完成的，因此将类似人的神经网络的处理方法应用于火灾探测中；模糊系统也可以很好地实现仿人思维推理的功能，所以，模糊系统也能很好地应用于火灾探测中。

由于单元探测技术所采用的单一参数火灾探测器对火灾特征信号响应灵敏度的不均匀性，导致它对实际火灾的探测能力受到了限制。所以，采用多元参数复合探测是必要的。光电感烟与感温复合是最常用的方式，但是由于光电感烟探测方法，各种灰尘、水汽、油雾等粒子干扰同样对它会产生影响，尽管可以采用信号处理的方法抑制这些干扰，但很难做到完全消除；感温探测器对阴燃火不敏感，响应速度慢，不适于探测早期火情，而且也不能区分是火灾的热还是空调或是烹饪蒸气的热；所以，加入 CO 气体一起进行复合探测会有更好的效果。因为绝大多数火灾都要产生 CO 气体，在燃烧不充分的火灾早期更是会这样，而且 CO 气体比空气轻，扩散性比烟雾强，特别是许多常用感烟探测方法的误报源并不产生 CO 气体，例如灰尘、水汽、油雾粒子等，因此将 CO 传感器引入火灾探测，是一种比较理想的早期火灾探测方法。而感温探测器的信号采用温度变化趋势作为探测量，这样就不会发生像我国南方和北方居民室内温度相差很大，或是同一地方随着季节的不同，温度也变化很大而产生的训练样本数据的不准确。

多传感器多判据火灾探测技术

早期火灾自动探测除了用于向人们通报火情外，必要时可启动灭火设备。因此，系统的可靠性是十分重要的。日常经验告诉我们，存在着多种不同类型的火灾。燃烧物质的数量、类型及供氧条件决定了火焰和烟浓度的规模及其发展趋势。这就是为什么单一的探测原理不可能充分地探测客观存在的各种不同类型火灾的原因。适用于一种火型的单元探测器可能就不适用于探测其他火型。例如传统的单传感器探测器不能将早期火灾信号和香烟、厨房烟、水蒸气等非火灾信号区分开来，大量由单传感器探测器引起的误报警说明了这一点。实际上，响应各种不同类型的火灾，通常使用不同类型的火灾传感器，例如感温、感烟、火焰传感器，从这些传感器获得信号，并从这些信号导出多样的报警和诊断判据，即利用多种或多个传感器进行数据的采集，利用数据融合技术进行数据的处理，提取有用的和准确的信息，达到测量和控制的目的。

多传感器信息融合技术或数据融合技术，其较确切的定义可概括为：充分利用不同时间和空间的多传感器信息资源，采用计算机技术对按时序获得的多传感器观测信息在一定的准则下自动分析、优化综合、支配和使用，获得被测对象的一致性解释与描述，以完成所需的决策和估计任务，使系统获得比它的各组成部分更优越的性能。

信息融合的结构有串联融合、并联融合和混合融合三种形式。

（1）串联融合时，当前传感器接收前一级传感器的输出结果，每个传感器既有接收信息处理信息的功能，又有信息融合的功能。各个传感器的用处同前一级传感器输出的信息形式有很大的关系。最后一个传感器综合了所有前级传感器输出的信息，得到的输出将作为串联融合系统的结论。因此，串联融合时，前级传感器的输出对后级传感器输出的影响大。

（2）并联融合时，各个传感器直接将各自的输出信息传输到传感器融合中心，传感器之间没有影响，融合中心对各自信息按适当方法进行综合处理后，输出最终结果。因此，并联融合时，各传感器输出之间不存在影响。

（3）混合融合方式是串行融合和并行融合两种融合方式的结合，或总体串行，局部并行；或总体并行，局部串行。

多传感器信息融合系统的功能模型说明了通用融合系统的功能组成以及这些功能之间的联系。假定它只有三个传感器，它们共同监视一个有着多个不同类型运动目标的区域。信息融合系统的功能主要是对各类原始数据进行校准、相关、识别、估计和状态决策等处理。其中校准和相关是为识别和估计做准备

的，实际融合在识别和估计中进行，该模型的融合功能分为两步完成，对应于不同的信息抽象层次，第一步是低层处理，对应于数据层融合和特征层融合，输出的是状态、特征和属性等；第二步是高层处理，对应的决策层融合，输出的是抽象结果，如威胁、企图和目的等。

由于单传感器火灾探测器已经不能满足当今火灾探测的需要，为了提高火灾探测的快速性和准确性，降低火灾误报的概率，将多传感器信息融合技术应用于火灾探测系统，构成火灾自动探测的信息融合系统。本书提出火灾探测系统的三层融合结构：信息层、特征层和决策层。信息层主要完成原始数据的采集与处理；特征层提取信息层输出信号的数据特征；决策层则充分利用特征层所提取的测量对象的各类特征信息，采用适当的融合技术给出最终融合结果。

基于视频图像处理的火灾探测技术

图像是人类视觉的延伸，通过图像，可以立即准确地发现火灾。图像监测快速性的基础是视觉所接受的信息以光为传播媒介；而图像信息的丰富性和直观性，更为早期火灾的辨识和判断奠定了基础，其他任何火灾探测技术，均不能提供如此丰富和直观的信息，保证图像监测技术具有以下优势。

（1）可以在大空间、大面积的环境中使用。

（2）可以在多粉尘、高湿度的室内场所中使用。

（3）可以提供直观的、丰富的火灾信息。

（4）可以对火灾现象中的图像信息做出快速的反应。

（5）可以有效提高报警的准确度，减少漏报和误报。

远程视频监控系统采用的是非接触式的探测技术，防腐蚀性能和密封性能良好，抗干扰能力强，同时结合数字通信和数字图像处理技术，分析火灾图像特征，可以很好地解决大空间恶劣环境下的火灾探测问题。

火灾图像探测系统，是一种以计算机为核心，结合光电技术和计算机图像处理技术研制而成的火灾自动监测报警系统，有观测普通影像和红外监测实现火灾自动报警的双重功能。火灾图像探测方法，是一种基于数字图像处理和分析的新型火灾探测方法。它利用摄像头对现场进行监视，同时对获得的图像进行图像处理和分析，通过早期火灾烟雾、火焰的形体变化特征来探测火灾。

视频切换器的作用是同时对多个目标实行监控，按照一定规律进行巡检，通过视频切换，可以利用一套系统同时对多个现场进行监控；智能火灾图像处理单元主要完成火灾图像的处理过程，并输出处理结果，即火灾是否发生的判别结果；控制系统主要对智能图像处理单元输出的结果进行处理，如果有火灾发生，则控制联动模块进行报警及灭火；信息管理系统主要对火灾图像处理单元及视频监控单元的处理结果及各种火灾及视频监控信息进行管理。

1. 摄像器件

摄像机是图像处理中常用的输入设备。它的关键部件是摄像器件，摄像器件的基本任务是把输入的二维辐射（即光学图像）信息转换为适宜处理和传输的电信号。可以实现火灾探测功能的摄像器件主要有以下四种：热像仪、微光摄像机、黑白 CCD 摄像机以及彩色 CCD 摄像机。

（1）热像仪。热成像原理是直接测量物体的红外辐射强度，利用红外光电器件成像测温，特点是其工作波长一般为 3～5.4 微米，灵敏度高，但设备复杂，且对工作环境的要求苛刻（主要是低温条件），用于火灾探测在寿命和成本方面尚不理想，但这是一个发展方向。

（2）微光摄像机。可分为主动式和被动式，前者常称为主动红外微光摄像机，具有光亮度高、闪烁小、场景反差大、成像清晰等优点，但需要自配光源，工作波段为 0.76～1.2 微米，具有较大的限制性；后者称为低照度摄像机，工作波段为 0.4～1.2 微米，可充分利用火灾早期近红外区丰富的辐射能量，无需自配光，应用范围十分广泛，可用于探测包括阴燃在内的火灾情况。

（3）黑白 CCD 摄像机成像具有自扫描特性，且具有噪声低、灵敏度高、动态范围大、功耗低、体积小、重量轻和寿命长的特点，工作波段也可达 400 纳米～1.0 微米，工作波段比低照度摄像机稍短。

（4）彩色 CCD 摄像机即通常所见彩色摄像机，它的工作范围在可见光区域，波长范围为 400~700 纳米，无法利用早期火灾的红外辐射，使阴燃火灾的早期探测受到了限制，但具有良好的火灾可视确认效果，十分适合用于图像型火灾探测系统。

目前，应用比较广泛的视频监控系统使用的摄像器件是彩色 CCD 摄像机。

2. 视频采集卡

视频采集卡又叫视频卡，视频采集卡可以将模拟摄像机、录像机、LD 视盘机、电视机输出的视频信号等输出的视频数据或者视频音频的混合数据输入电脑，并转换成电脑可辨别的数字数据，存储在电脑中，成为可编辑处理的视频数据文件。视频采集卡按照用途可分为广播级视频采集卡、专业级视频采集卡、民用级视频采集卡。它们档次有高低主要是因为采集图像的质量不同。广播级视频采集卡的特点是采集的图像分辨率高，视频信噪比高，缺点是视频文件所需硬盘空间大，每分钟数据量至少要消耗 200MB，一般连接 BetaCam 摄、录像机，所以它多用于录制电视台所制作的节目；专业级视频采集卡的档次比广播级的性能稍微低一些，分辨率两者是相同的，但压缩比稍微大一些，其最小的压缩比一般在 6∶1 以内，输入输出接口为 AV 复合端子与 S 端子，此类产品适用于广告公司和多媒体公司制作节目及多媒体软件应用；民用级视频采集卡的动态分辨率一般较低，绝大多数不具有视频输出功能。

3. 火灾图像处理单元

火灾图像处理单元主要用于完成图像的处理及火灾的判别。图像处理主要分为图像预处理、图像分割、图像分析和图像理解几个层次。

（1）图像预处理。属于较低层的操作，主要在图像像素级上进行大量数据的处理。图像处理着重于图像之间的变换，对图像进行各种加工以改善图像的

視覚效果，如图像增强是通过对图像施以某种变换，使其输出像素灰度值依赖于输入图像相应的像素灰度值或它的一个领域内的像素灰度值，目的是改进输入图像的质量，使得图像清晰，边缘轮廓明显。

（2）图像分割。属于中层次操作，图像分割和特征提取把原来以像素描述的图像转变成较简单的非图形式的符号描述，被提取的特征有边缘和区域，需要采用边缘检测和区域分割相互补充的方法。人们能方便地从一幅图像中找出感兴趣的物体区域，而要计算机做到这一点却需给它以客观测度，使之按灰度、颜色、纹理或几何特征把一些物体或区域加以分离，称为分割。图像分割技术包括：边缘与线的检测；区域分割形状；抽取图像中的特征部分，如线、区域和物体以及它们相互关系的信息，基本上是一个像素分类的数据压缩过程。图像分割是进一步进行图像分析、模式识别、计算机视觉等高层次处理的基础。

（3）图像分析。也属于中层次的操作。图像分析要求对图像中感兴趣的目标进行分析，如果说图像处理是一个图像进、图像出的过程，而图像分析是一个图像进、数据出的过程。

（4）图像理解。主要是高层次操作，基本上是符号运算。主要指在图像分析的基础上，进一步研究图像的目标和它们之间的联系并做出对图像的内容含义的理解以及对原来客观场景的解释。

4. 其他模块

系统其他模块主要是指报警装置及数据库存储等模块，有条件的可以加上自动灭火装置。系统在得到火灾图像处理模块关于火灾发生的消息后，启动火灾报警器，同时，将存在火灾信息的视频数据存入数据库，以备日后查验。这样就完成了火灾探测和自动报警的全部流程。

火灾自动报警系统的组成

英国消防协会（BFPSA）对火灾自动报警系统下的定义是：使用探测组件将其探测到的烟浓度或者温度以模拟量方式连同用于判断发生或未发生火灾的参数一起传送给报警器，报警器再根据获取的数据及内部存储的数据利用火灾判据来判断火灾是否存在的系统。

《火灾自动报警系统设计规范》（GB50116-1998），对火灾报警系统的基本类型归纳为三种——区域火灾报警系统、集中火灾报警系统和控制中心报警系统，并对适用的对象做了相应的规定。而且还纳入了消防联动控制的技术要求，强调火灾自动报警系统具有火灾监测和联动控制两个不可分割的组成部分，因此，火灾自动报警系统也常称作火灾自动报警监测系统。这一理解与国际标准《火灾探测与报警系统》〔ISO/TC21.7240-1：1988（E）〕中规定的适用于保护建筑物的火灾探测与报警系统组件图是一致的，从技术规范的角度来看，它使火灾自动报警系统的构成和系统设计与国际标准接轨。

国家标准《火灾自动报警系统设计规范》（GB50116-1998）对于火灾自动报警系统的基本组成规定如下：火灾自动报警系统一般由触发器件、火灾报警装置、火灾警报装置和电源四部分组成；复杂系统还包括消防控制设备。

触发器件

在火灾自动报警系统中，自动或手动产生火灾报警信号的器件称为触发器件，它主要包括火灾探测器和手动火灾报警按钮。不同类型的火灾探测器适用于不同类型的火灾和不同的场所，在实际应用中，应当按照现行有关国家标准的规定合理选择。火灾探测器是火灾自动报警系统中应用量最大、应用面最广、最基本的触发器件。其中，模拟量火灾探测器给出的输出信号代表被响应的火灾参数值的模拟量信号或与其等效的数字信号，与传统的有阈值火灾探测器（或称开关量火灾探测器）不同，有利于提高火灾探测报警系统报警准确性和智能化程度，是探测报警系统技术进步的一个重要标志。

另一类触发器件是手动火灾报警按钮。它是用手动方式产生火灾报警信号、启动火灾自动报警系统的器件，也是火灾自动报警系统中不可缺少的组成部分之一。

火灾报警装置

在火灾自动报警系统中，用以接收、显示和传递火灾报警信号，并能发出控制信号和具有其他辅助功能的控制指示设备称为火灾报警装置。火灾报警控制器就是其中最基本的一种。火灾报警控制器具备为火灾探测器供电，接收、显示和传输火灾报警信号，对自动消防设备发出控制信号的完整功能，是火灾自动报警系统的核心组成部分。

火灾报警控制器按其用途不同，可分为区域火灾报警控制器、集中火灾报警控制器和通用火灾报警控制器三种基本类型。

区域火灾报警控制器用于火灾探测器的监测、巡检、供电与备电，接收火灾监测区域内火灾探测器的输出参数或火灾报警、故障信号，并且转换为声、光报警输出，显示火灾部位或故障位置等，其主要功能有火灾信息采集与信号处理，火灾模拟识别与判断，声、光报警，故障监测与报警，火灾探测器模拟检查，火灾报警计时，备电切换和联动控制等。

集中火灾报警控制器用于接收区域火灾报警控制器的火灾报警信号或设备故障信号，显示火灾或故障部位，记

录火灾信息和故障信息，协调消防设备的联动控制和构成终端显示等，其主要功能包括火灾报警显示、故障显示、联动控制显示、火灾报警计时、联动连锁控制实现、信息处理与传输等。

通用火灾报警控制器兼有区域和集中火灾报警控制器的功能，小容量的可以作为区域火灾报警控制器使用，大容量的可以独立构成中心处理系统，其形式多样，功能完备，可以按照其特点用做各种类型火灾自动报警系统的中心控制器，完成火灾探测、故障判断、火灾报警、设备联动、灭火控制及信息通信传输等功能。

近年来，随着火灾探测报警技术的发展，具有多层总线制数字网络功能的智能化火灾探测报警监测系统逐渐应用，在许多场合，火灾报警控制器已不再分为区域、集中和通用三种类型，而统称为火灾报警控制器。

在火灾报警装置中，还有一些如中继器、区域显示器、火灾显示盘等功能不完整的报警装置。它们可视为火灾报警控制器的演变或补充，在特定条件下应用，与火灾报警控制器同属火灾报警装置。

火灾警报装置

在火灾自动报警系统中，用以发出区别于环境声、光的火灾警报信号的装置称为火灾警报装置。火灾警报器就是一种最基本的火灾警报装置，它以声、光音响方式向报警区域发出火灾警报信号，以警示人们采取安全疏散、火灾救灾措施。

消防控制设备

在火灾自动报警系统中，当接收到来自触发器件的火灾报警信号，能自动或手动启动相关消防设备并显示其状态的设备，称为消防控制设备。主要包括火灾报警控制器，自动灭火系统的控制装置，室内消火栓系统的控制装置，防烟排烟系统及空调通风系统的控制装置，常开防火门、防火卷帘的控制装置，电梯回降控制装置，火灾应急广播，火灾警报装置，消防通信设备，火灾应急照明与疏散指示标志的控制装置等十类控制装置中的部分或全部。消防控制设备一般设置在消防控制中心，以便实行集中统一控制。也有的消防控制设备设置在被控消防设备所在现场，但其动作信号则必须返回消防控制室，实行集中与分散相结合的控制方式。

电源

火灾自动报警系统属于消防用电设备，其主电源应当采用消防电源，备用电源采用蓄电池。系统电源除为火灾报警控制器供电外，还为与系统相关的消防控制设备等供电。

火灾自动报警系统的工作原理

火灾报警控制器构成

火灾报警控制器是火灾自动报警系统的重要组成部分。在火灾自动报警系统中，火灾探测器是系统的"感觉器官"，随时监视着周围环境的火灾情况。而火灾报警控制器则是系统的"躯体"和"人脑"，是系统的核心；它可以供给火灾探测器高稳定的直流电源，监测连接的各类火灾探测器无故障，保证火灾探测器长期、稳定、有效地工作。当火灾探测器探测到火情后，接受火灾探测器发来的报警，迅速、正确地进行转换和数据处理，指示报警的具体部位和时间，同时执行相应的辅助控制等诸多任务。因此，火灾报警控制器除了具有控制、记忆、识别和报警功能外，还具有自动检测、联动控制、打印输出、图形显示、通信广播等功能。火灾报警控制器功能的多少反映出火灾自动报警系统技术构成的可靠性、稳定性和性能价格比等因素，是评价火灾自动报警系统先进性的一项重要指标。

火灾报警器按照不同的依据有多种分类方法，如按照容量可以分为单路和

多路火灾报警控制器；按照结构可以分为台式和挂壁式等，比较常用的是按照用途的分类方式，可以分为三类。

（1）区域火灾报警控制器。它是能够直接接收火灾探测器或中继器发出的报警信号的多路火灾报警控制器。

（2）集中火灾报警控制器。它是能够接收区域火灾报警控制器或相当于区域报警控制器的其他装置发出的报警信号的多路火灾报警控制器。

（3）通用火灾报警控制器。它既可做区域火灾报警控制器，又可做集中火灾报警控制器。

火灾报警控制器基本功能要求

火灾报警控制器主要包括电源部分和主机部分。目前，大多数火灾报警控制器的电源设计采用线性调节稳压电路，同时在输出部分增加相应的过压、过流保护环节。通常，火灾报警控制器电源的首选模式是开关型稳压电路。

火灾报警控制器主机部分承担着对火灾探测器输出信号的采集、处理、火警判断、报警及中断等功能。从原理上讲，无论是区域火灾报警控制器还是集中火灾报警控制器，都遵循同一工作模式，即采集探测源信号—输入单元—自动监测单元—输出单元，同时为了方便使用和扩展功能，又附加上入机接口、键盘、显示单元、输出联动控制部分、计算机通信单元、打印机部分等。

根据国家标准，火灾报警控制器电源部分的主要功能如下：

（1）主电、备电自动切换。

（2）备用电源充电功能。

（3）电源故障监测功能。

（4）电源工作状态指示功能。

（5）给火灾探测器回路供电功能。

必须指出，由于消防电子产品的特殊要求，其电源部分的重要性也相应提

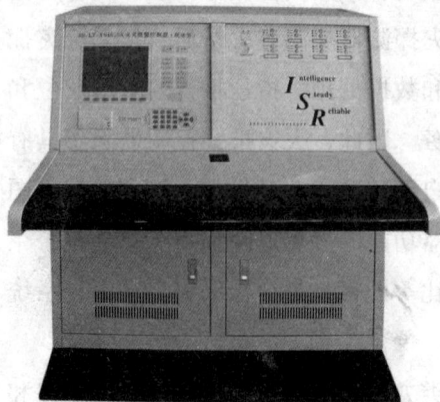

高。火灾报警器的电源应由主电源和备用电源两部分组成，主电源取自被保护对象的消防电源，备用电源一般选用可充放电反复使用的各种蓄电池，常用的有镍镉电池、免维护碱性蓄电池、铅酸锌电池等。

对火灾报警控制器主机部分而言，其常态是监测火灾探测器回路的变化情况，遇有火灾报警信号时执行相应的操作。

火灾报警控制器工作原理

区域报警控制器处理的探测信号可以是各种火灾探测器、手动报警按钮或其他探测单元的输出信号，而集中报警控制器处理的是区域报警控制器输出的信号。由于两者的传输特性不同，相应输入单元的接口电路也不同。通常，采用总线传输方式的接口电路工作原理是：通过监控单元将待巡检（待检测）的地址（部位）信号发送到总线上，经过一定时序，监控单元从总线上读回信息，执行相应报警处理功能。一般，时序要求严格，每个时序都有其固定含义。火灾报警控制器工作时的基本顺序要求为：发地址—等待—读信息—等待。控制器周而复始地执行上述时序，完成对整个信号源的检测。

对于输出单元而言，集中火灾报警控制器与区域火灾报警控制器大同小异，只是集中火灾报警控制器的功能较复杂。

1. 区域火灾报警控制器

区域报警控制器是负责对一个报警区域进行火灾监测的自动工作装置。一个报警区域包括很多个探测区域（或称探测部位）。一个探测区域可有一个或几个探测器进行火灾监测，同一个探测区域的若干个探测器是互相并联的，共同占用一个部位编号，同一个探测区域允许并联的探测器数量视产品型号不同而有所不同，少则五六个，多则二三十个。

一台区域报警控制器的容量（即其所能监测的部位数）也视产品型号不同而不同，一般为几十个部位。区域报警控制器平时巡回检测该报警区内各个部位探测器的工作状态，发现火灾信号或故障信号，及时发出声光警报信号。如果是火灾信号，在声光报警的同时，有些区域报警控制器还有联动继电器触点

动作，启动某些消防设备的功能。这些消防设备有排烟机、防火门、防火卷帘等。如果是故障信号，则只是声光报警，不联动消防设备。区域报警控制器接收到来自探测器的报警信号后，在本机发出声光报警的同时，还将报警信号传送给位于消防控制室内的集中报警控制器。自检按钮用于检查各路报警线路故障（短路或开路）发出模拟火灾信号检查探测器功能及线路情况是否完好。当有故障时便发出故障报警信号（只进行声、光报警，而记忆单元和联动单元不动作）。

信号选择单元又称为信号识别单元。火灾信号的电平幅度值高于故障信号的电平幅度值，可以触发导通各级输入管（而低幅度的故障信号则不会使输入管导通），使继电器动作，切断故障声光报警电路，进行火灾声光报警，时钟停走，记下首次火警时间，同时经过继电器触点，联动其他报警或消防设备。电源输入电压220V，交流频率50Hz，内部稳压电源输出24V直流电压供给探测器使用。

现代火灾报警控制器为了减少误报，方便安装与调试，降低安装与维修费用，减少连接线数，及时准确地知道发出报警的火灾探测器的确切位置（部位编号），都普遍采用脉冲编码控制系统，组成少线制的总线结构，由微型电子计算机或单片计算机作为主控核心单元，配以存储器和数字接口器件等。因此现代报警控制器有较强的抗干扰能力和灵活应变的能力。

这种区域报警控制器不断向各探测部位的编码探测器发送编码脉冲信号。当该信号与某部位的探测器编码相同时，探测器响应，返回信息，判断该部位是否正常。若正常，主机（CPU）继续巡检其他部位的探测器；若不正常，则判断是故障信号还是火警信号，发对应的声、光报警信号，并且将报警信号传送给集中报警控制器。

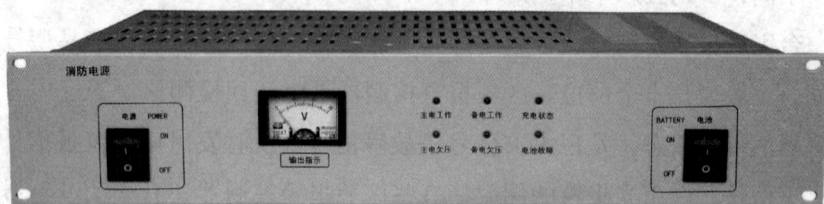

现代火灾自动报警系统有两种基本形式，即编码开关量寻址报警系统和模拟量软件寻址报警系统。我国目前普遍采用的是编码开关量寻址报警系统，在此也以讲授这种系统为主。

模拟量软件寻址报警系统不需要编码开关设定编码地址号，而是由计算机系统软件来设定探测器、报警按钮等外围部件的地址。所以，该系统可以方便地根据要求命名或修改外围部件的地址。这种系统采用模拟量火灾探测器。所谓模拟量就是原始信号的传感量。模拟量探测器实质上是火灾信号传感器。它本身不能判定火警，不能直接触发报警器件动作，而是输出一个代表敏感现象的真实模拟信号或等效的数字编码，不断地送到火灾报警控制器中；在计算机控制下通过软件程序，运用科学算法，比较和辨别火灾信号的真假及火灾发展程度，以及辨别探测器老化失效或受污染的情况。模拟量探测器一般都是智能型的探测器。

为了区别，我们把以往传统的火灾探测器称为开关量探测器或双态探测器（"正常"与"火灾"两个状态）。这种探测器能直接判断火灾，启动报警控制器动作。模拟量探测器为单态传感探测器（单一传感信号），只作为火灾信号传感器。火灾信号尚需经过报警控制器滤波整流、A/D转换、信息提取、数据解释（判断）等才能完成。

现代火灾报警器都是由电子器件、集成电路组成的自动化程度高、功能齐全的自动控制装置，区域报警器的任务是监视某一指定建筑防火区域内火警情况。该区域内的所有自动、手动探测器都在它的控制监视之下。一方面它要搜集来自火灾现场的各类探测器的火警、故障信息，分析判断、显示、报警，驱动消防设备等；一方面要向集中报警器传递火警、故障信息，接收集中报警器巡检指令。

2. 集中报警器

集中报警控制器是集中报警系统的总控设备。它接收来自区域报警控制器的火灾或故障报警信息，并发出总警报信号，它与区域报警控制器一样，也具有信号采样判别电路，火灾或故障显示、声响电路，电子时钟记忆电路，联动继电器动作电路等。除此之外，集中报警控制器还有两个独特功能：一个是具

有巡检指令发出单元；另一个是具有总检指令发出单元。巡检指令又称为层检指令，是由集中报警控制器发出，对位于各楼层（或防火分区）的区域报警控制器进行巡回检测，提供高电平的开门信号。同一时刻只有且仅有某层的巡检线是高电平时，该层的火灾或故障信号才能传送到集中报警控制器中进行报警。巡检速度为每秒钟 20~60 层（视产品型号不同而不同）。当发生火灾时，巡检速度放慢，每分钟约 30 层，每层约停 2 秒。可见，有时尽管同时会有几个区域报警控制器都发出火警信号，集中报警控制器也只能依次显示各个报警区域，而不会同时显示。但当巡检速度较快，超过人眼的分辨能力时，则看起来好像各个发生火灾的区域在同时显示，由于报警电流比监视电流大约 1 千倍以上（前者是毫安级，后者是微安级），因此容量比较大的报警控制器都规定一个允许同时报警的路数占总报警路数的百分比（例如有的规定为 20%）。

总检指令是故障检查指令，是集中报警控制器对各层（各个防火分区）的区域报警控制器发出的系统功能自检指令。它是将各层的最大检测部位数分成若干个组检查指令线（一般是 8 个部位或 10 个部位一组，配一条总检线）。当巡检指令到达某层的区域报警控制器时，如果没有火灾信号，则总检信号工作（全部总检组线依次工作），对应被检查的层号和房号（或称部位号）灯点亮。如果灯不亮，则表示相应地址的探测线路和器件有故障，该层显示停留 2 秒，否则不停，以便有较高的巡检速度，待全部总检组线都检查完工以后，层巡检线再依次扫描其他各层。当有火灾信号到来时，集中报警控制器能自动停止自检工作，进入火灾报警巡视，保证火灾报警优先的原则。

一般集中报警控制器与区域报警控制一样，电源都是交流 220V、50Hz，并有直流 24V 的稳压电源，环境温度一般在 -10~50℃，相对湿度在 95% 以下，总报警容量在 1000~10000 个部位以上，随具体产品型号的不同而不同。

3. 通用报警控制器

综上所述，无论是区域报警控制器还是集中报警控制器，都应具备火灾报警控制器主机规定的各项基本功能。在实际产品中，由于区域或集中报警控制器有相当一部分功能相同，同时计算机及微机开发技术广泛应用到消防电子产品中，因此产生了通用型报警控制器。通用报警控制器具有通用性好、功能齐全的特点，既可独立地与探测器组成单一报警控制器的火灾监测报警系统，也可与重复显示器、区域火灾报警控制器组成较大规模的火灾探测报警系统，还可以外接联动控制装置实行火灾探测报警与消防联动控制系统，是一种设计应用非常灵活的火灾报警控制器。

在消防工程中，与通用报警控制器配套使用的基本设备有重复显示器和总线隔离器。重复显示器是为了适应某些应用场所需要用 1 台区域报警控制器（针对编码地址较少的对象）或 1 台通用报警控制器（一般针对 200~4000 编码地址的对象）同时监控几个火灾报警区域或多个楼层的火灾探测器。这时，可在每一个火灾报警区域或某一个楼层安装 1 台重复显示器，当该区域或楼层的某一个火灾探测器发出火警或故障信息时，重复显示器将发出声光报警并指示出报警探测器的编码地址。重复显示器体积小、性能可靠，价格仅为区域火灾报警控制器的 1/3 左右，其核心采用单片机且一般设置有自检开关，可以手动检查重复显示器的工作状态及运行状态。

总线隔离器一般应用在总线制火灾自动报警系统中，是为了防止系统某一局部出现故障（如短路）造成整个火灾自动报警系统无法工作。总线隔离器的作用是：使发生故障的总线部分与正常工作的总线部分隔开，以保证火灾报警控制器与总线不受故障影响，同时有利于确定故障总线的部位，便于维护。总线隔离器一般直接串联在总线上，安装在总线的分支处，形成对每一个火灾探测器回路的分段保护。

火灾自动报警系统结构形式

根据我国有关技术标准要求可以认为建筑中火灾自动报警系统通常由火灾

探测器、区域火灾报警控制器和集中火灾报警控制器或通用火灾报警控制器，以及联动模块与控制模块、消防联动控制设备等组成。火灾探测器是对火灾现象进行有效探测的基础与核心，火灾探测器的选用及其与火灾报警控制器的有机配合，是火灾自动报警系统设计的关键。火灾报警控制器是火灾信息数据处理、火灾识别、报警判断和设备控制的核心，最终通过消防联动控制设备实施对消防设备及系统的联动控制和灭火操作。因此，根据火灾报警控制器功能与结构以及系统设计构思的不同，火灾自动报警系统呈现出不同的技术产品形式。

各专业生产厂开发研制的火灾自动报警系统产品形式多样，根据火灾探测器与火灾报警控制器间连接方式不同可分为多线制和总线制系统结构，按火灾报警控制器实现火灾信息处理及判断智能的方式不同可分为集中智能和分布智能系统结构。

1. 多线制系统结构

多线制系统结构形式与早期的火灾探测器设计、火灾探测器与火灾报警控制器的连接等有关。一般要求每个火灾探测器采用两条或多条导线与火灾报警控制器相连接，以确保从每个火灾探测点发出火灾报警信号，多线制结构的火灾自动报警系统采用简单的模拟或数字电路构成火灾探测器并通过电平翻转输出火警信号，火灾报警控制器依靠直流信号巡检和向火灾探测器供电，火灾探测器与火灾报警控制器用硬线一一对应连接关系，有一个火灾探测点便需要一组硬线与之对应，其接线方式即线制可表示为 $an+b$（其中，n 是火灾探测器的个数或火灾探测器的地址编码个数；a 和 b 是系数，一般取 $a=1,2$；$b=1,2,4$），如 $2n+1$、$n+1$ 等线制。多线制系统结构中的最少线制是 $n+1$，其设计、施工与维护复杂，已逐渐被淘汰。

2. 总线制系统结构

它是在多线制基础上发展起来的。随着微电子器件、数字脉冲电路及计算机应用技术用于火灾自动报警系统，它改变了以往多线制结构系统的直流巡检和硬线对应连接方式，代之以数字脉冲信号巡检和信息压缩传输，采用大量编码、译码电路和微处理机实现火灾探测器与火灾报警控制器的协议通信和系统监测控制，大大减少了系统线制，带来了工程布线灵活性，并形成了支状和环状两种工程布线方式。总线制系统结构的线制也可以表示为 $an+b$，但其中 $a=0$；$b=2$，3，4；n 为火灾探测地址编码个数。总线制系统结构目前应用广泛，多采用二总线、三总线、四总线制，可模块联动消防设备，也可硬线联动消防设备，系统抗干扰能力强，误报率低，系统总功耗较低。

3. 集中智能型系统结构

集中智能型系统一般采用二总线制结构并选用通用火灾报警控制器，其特点是：火灾探测器实际是火灾传感器，仅完成对火灾参数的有效采集、变换和传输；火灾报警控制器采用微型机技术实现信息集中处理、数据储存、系统巡检等，并由内置软件完成火灾信号特征模型和报警灵敏度调整、火灾判别、网络通信、图形显示和消防设备监控等。在这种结构形式下，火灾报警控制器要一刻不停地处理每个火灾探测器送回的数据，并完成系统巡检、监控、判断、网络通信等；当建筑规模庞大、火灾探测器和消防设备数目众多时，单一火灾报警主机会出现应用软件复杂庞大、火灾探测器巡检周期过长、火灾自动报警系统可靠性降低和使用维护不便等缺点。

4. 分布智能系统结构

分布智能型系统是在保留总线制集中智能型系统优势基础上形成的，它将集中智能型系统中对火灾探测信息的基本处理、环境补偿、探头报警和故障判断等功能由火灾报警控制器返还给现场真正的火灾探测器，从而免去火灾报警控制器大量的信号处理负担，使之能够从容地实现上级管理功能，如系统巡检、消防设备监控、联网通信等，提高了系统巡检速度、稳定性和可靠性。显然，分布智能方式对火灾探测器设计提出了更高要求，要兼顾火灾探测及时性和报警可靠性，必须采用专用集成电路设计技术来降低成本，提高系统的性能价格比。

5. 网络通信系统结构

网络通信形式的系统既可在集中智能型结构也可在分布智能结构基础上形成，它主要是将计算机网络通信技术应用于火灾报警控制器，使火灾报警控制器之间能够通过 Token Ring，Token Bus，Internet 等网络结构及通信协议，以及专用通信干线交换数据和信息，实现火灾自动报警系统的层次功能设定、数据调用管理和网络服务等功能。一般在网络通信系统结构中，作为集中火灾报警

和区域火灾报警用的通用火灾报警控制器基本功能是相近的，或者可以认为其基本配置是相同的，通用火灾报警控制器之间的通信传输能力要求较强，通常是采用专用传输网络实现相互通信：在网络化连接的多台通用火灾报警控制器中，可以根据建筑物结构和消防控制中心设置的实际需要来指定其中一台作为上级管理用的通用火灾报警控制器（起集中火灾报警和系统管理功能），该机同时具有区域控制能力，并且往往是通过增强其扩展功能（如增设扩展板、中心联机板、人机界面卡等）来实现所需的系统综合信息。

建筑电气消防设施与联动控制

安全疏散照明与显示标志

在夜间或黑暗中经常有人工作或娱乐聚集的场所，如电影院、剧场、大型火车站候车室、医院病房、会议厅（堂）、高层建筑楼道、过厅等，在火灾发生时，要点亮安全疏散照明（也称为诱导照明）和显示疏散路线标志。这种疏散照明和显示标志有两种类型：一种是火灾时才点亮，平时不亮；另一种是平时减光（降低20%的亮度）显示，火灾时恢复全亮显示。后者一般是大中型避难所出口引导灯及室内通道引导灯。这种灯在接到火灾自动报警设备传来的火灾信号后，能立刻自动由减光显示恢复为正常照明。

诱导标志灯分为大、中、小三种，视应用场所不同选择。从安装方式分类，有明装直附式、明装悬吊式和暗装式三种。室内走廊、门厅等处的壁面或棚面可安装标志灯，可明装直附、悬吊或暗装。一般新建筑（与土建一起施工）多采用暗装（壁面），旧建筑改造可使用明装方式，靠墙上方可用直附式，上面通道上方可用悬吊式。

一般大型诱导灯功率为 1~2 个 40W 白炽灯，中型功率为一个 30W 白炽灯，小型功率为一个 20W 白炽灯。要求所有高层建筑的疏散通道都应安装疏散照明和标志灯，应每隔步行距离 20 米以内安装一个标志灯，在每个通道转角处也应安装一个标志灯。灯的安装高度应在 1 米以下（壁装式）。地面照度应有 11x（光照度单位）。在楼梯处或通向室外的出入口应设置绿色标志灯，悬吊在门口或楼梯口上方（要求高度 2 米以上）。疏散照明灯或标志灯应装由玻璃或其他非燃性透明材料做成的保护罩。

消防电源一般来自市电，当市电电源停电时，能够自动启用备用电源（多为蓄电池）。要求备用电源在火灾事故发生时（应及时切断市电电源）能连续供电的时间，不应小于 20 分钟。在大量人流活动集中的公共场所，如地下建筑、高层建筑、大商场及影剧院等，一旦发生火灾，必须迅速引导疏散人流，维持公共秩序，确保人民生活财产安全，将损失降到最低限度。因此正确合理地设置疏散照明灯和标志灯是特别重要的一项工作，应认真做好。

火灾事故广播

一个火灾自动报警系统，当规模较大时，例如高层建筑必须配备有专用的或与音响广播合用的火灾事故广播系统，以便迅速有效地指挥人员疏散至安全区。一个广播系统应有传声器（话筒）、扩音机、扬声器（喇叭）等。一般火灾事故广播与音响广播合用的广播控制柜，有自动开通广播的功能，可以自动录音与播放，自动选层、自动切换。火灾时强迫转入紧急广播，能接受有关消防设备的联动或手动操作。输出功率 100~300W，输入电源交流 220V、50Hz，或备用电源直流 24V，有台式和柜式两种。功率放大器采用 120V 定压输出方

式，扬声器需配接120V、4Ω的线间匹配变压器，阵列控制器具有分后切换作用，负载分配箱是接线端子箱。广播分配盘具有选层功能，手动开关选择楼层，也可以不选层，进行通播。广播录放盘有话筒输入端，一条事故广播输入端，一条正常广播输入端，还有来自消防控制盘的联动控制信号。消防控制盘则由来自现场的排烟风机、消防水泵等的动作信号，经逻辑控制盘控制联动。

电源监控盘有两路AC220V输入：一路直流供电输入、一路浮充备用电池输入。输出有 AC220V 和 DC24V 各一路，不间断供电。检查盘用来检查联动控制中心至现场设备之间的回路故障，可以按区域检查，也可以按各种控制盘的功能检查。

当手动按下检查键时，相应控制盘的输入输出灯亮，回答灯也亮，但设备不动作，则为正常情况，否则灯不亮为故障情况。切换盒是用来切换正常广播与火灾事故广播的。

发生火灾时为了便于疏散和减少混乱，火灾事故广播一般不宜对整个建筑全面广播，而应该仅向着火楼层及相关的楼层广播。当火灾层在第二层以上时，仅向着火层及其上一层发出警报。当火灾层在第一层时需向一、二层及地下各层进行紧急广播。当火灾层在地下任一层时，应向全部地下层及地上第一层广播。

火灾事故广播线路应单独敷设，并有耐热保护措施。当某一路的扬声器配线短路或开路时，应仅使该路广播中断，不应该影响其他各路广播。如果广播扩音机不是装在消防控制室内时，应能使消防控制室内具有用话筒直接广播和遥控扩音机开闭、分区播放的功能，消防控制室内还应能显示火灾事故广播扩音机的工作状态。

对火灾事故广播系统的设计，在火灾报警设计规范中有以下规定。

（1）一般集中报警系统或控制中心报警系统都应有事故广播。规模较大的区域报警系统也应有火灾事故广播。

（2）民用建筑内的火灾事故广播扬声器应安装在走道和大厅等公共场所，其数量应能保证从本楼层任何部位到最近一个扬声器的步行距离不超过 25 米，每个扬声器的额定功率不应小于 3W。

（3）工业建筑内的扬声器，在其播放范围内的最远点播放声压级，应高于背景噪声 15dB。

（4）当火灾事故广播与音响广播合用时，应能在火灾发生时强制转入火灾事故广播。一般是将这种广播扩音机设备安装在消防控制室内，用转换开关进行控制。消防控制室应能显示火灾事故广播扩音机的工作状态，并能用话筒播音。床头控制柜内装置的扬声器也应有火灾事故广播功能。

（5）火灾事故广播设置备用扩音机，其容量不应小于火灾事故广播扬声器容量较大的三层扬声器容量的总和。

消防联动设备控制电路

自动消防联动设备有排烟口上的排烟阀，有用于防火分隔的通道上的防火门及防火卷帘门，有用于通风或排烟管道中的防火阀，有抽风的排烟风机，有喷水灭火的消防水泵等。这些防火、排烟、灭火等设备，在自动火灾报警消防系统中都有自动和手动两种方式，使其动作发挥消防作用。自动方式一般是接受来自火灾报警控制器的火灾报警联动信号，使电磁线圈通电，电磁铁动作，牵引设备开启或闭合，或者由联动控制信号使继电器或接触器线圈通电动作，启动消防水泵或排烟风机工作。

从图中可以看出被联动的消防设备动作后大多都有供监测用的应答信号返回控制室，点亮动作指示灯。火灾发生时，应在启动防排烟设备的同时，关停空调机和送风机。火灾报警消防联动时，排烟口应自动打开，排烟风机自动启动，防火门和防火阀自动关闭，安全出口自动开锁，空调机和送风机自动关机。

自动消防给水设备的控制

尽管现代消防中使用的灭火剂种类很多，但应用最普遍的灭火剂仍然是水。水不但可以直接扑灭火灾，而且在其他灭火系统如自动泡沫灭火系统中也必须有连续不断地自动消防给水系统，自动消防给水系统的水源有消防水池、消防水箱、消防水泵直接供水等。低层建筑室内消防水箱应能储存 10 分钟的室内消防用水量。高层建筑消防水箱的储水量是一类建筑（住宅除外）不应小于 18 立方米，二类建筑（住宅除外）和一类建筑的住宅不应小于 12 立方米，三类建筑的住宅不应小于 6 立方米。消防用水与生产、生活合用的水箱应有确保消防用水量的技术措施。消防水泵在火灾供水灭火时，其消防水流不应进入消防水箱，以免分散水压，造成消防水流不足。

消防泵站（房）的耐火等级应不低于二级。消防水泵房应有安全出口（第二安全出口）直通室外，应有与消防控制室或单位消防队之间的直接通信设备。高层建筑消防水泵房与环状管网连接的出水管应不少于两条。消防水泵应设独立的吸水管，采用自灌式吸水。出水管上应安装试验和检查用的水阀门。低层建筑消防泵房的一组水泵至少应有两条吸水管，其中一条发生故障，其余吸水管应能满足全部吸水量需要。高压消防给水系统的每台消防水泵应设独立的吸水管。消防水泵应保证在火警后 5 分钟内开始供水，在火灾现场断电时仍能正常运转。消防水泵应设有功率不小于消防水泵的备用泵。

消防水泵是消防供水系统的心脏。水压、流量等供水能力都是由消防水泵完成的。离心式清水泵体积小、重量轻、启动迅速、效率高、供水均匀可靠，广泛用于消防供水系统中。常用型号有 B、BA、IS、S、SH 等。IS 型是单级单吸悬臂式离心泵，是按照 ISO 国际标准统一设计的新型产品，是 B 型和 BA 型的换代产品；S 型是双吸离心泵，是 SH 型的换代产品。

火灾应急预案

火灾应急预案亦称应急疏散预案、应急疏散计划，单位制定火灾应急预案十分重要，不仅关系到单位在紧急情况下是否能快速处置初期火灾事故，减少财产损失，更重要的是关系到人员的安全，尤其是在公众聚集场所以及学校、医院等人员聚集场所，这是保障人员紧急疏散、最大限度减少人员伤亡的关键措施。《中华人民共和国消防法》（以下简称《消防法》）第 16 条和《机关、团体、企业、事业单位消防安全管理规定》就灭火、应急疏散预案和演练做出了明确的规定。

火灾应急预案的必要性

制定火灾应急预案是国家法律法规的要求

为有效预防和降低火灾事故的规模和程度，国家在一系列法律法规中明确要求单位制定火灾应急预案，而且有关部门已将此项工作列入对单位安全考核和检查的内容。

《消防法》第16条规定，机关、团体、企业、事业等单位应当落实消防安全责任制，制定本单位的消防安全制度、消防安全操作规程，制定灭火和应急疏散预案。

《机关、团体、企业、事业单位消防安全管理规定》第6条规定，单位的消防安全责任人应当组织制定符合本单位实际的灭火和应急疏散预案，并实施演练。

《消防法》第20条规定，举办大型群众性活动，承办人应当依法向公安机关申请安全许可，制定灭火和应急疏散预案并组织演练。

制定火灾应急预案是减少事故中人员伤亡和财产损失的需要

尽管人们对安全工作的重视程度不断提高，并且对危险场所、部位也加强了管理和检查，但是由于危险物料、环境、设施等方面的不安全因素的存在，或由于人们对生产过程中的危险认识的局限性，重特大事故发生的可能性依然存在。

为了在重大事故发生后能及时予以控制，防止火灾事故蔓延，有效地组织灭火和疏散，应提前制定火灾应急预案，按照预定方案有条不紊地实施应急救援工作，可以最大限度地减少人员伤亡和财产损失。

制定火灾应急预案是火灾事故预防和救援的需要

当发生火灾时，有效的应急预案可以指导人们沉着灭火、有序疏散，避免惊慌失措、手忙脚乱。通过火灾应急预案的实施，可以降低火灾事故的危害程度，减少火灾的经济损失和人员伤亡，其主要体现在如下方面：

（1）通过火灾应急预案的编制，可以发现日常管理中的缺陷，更好地促进火灾预防工作。

（2）严密的组织机构和各岗位明确的职责，使火灾发生时每一个环节都有对应的人员负责。

（3）符合实际情况的预案能指导灭火救援工作有序高效地进行。

（4）火灾应急预案的演练使参加人员都熟知自己的职责、工作内容、周围环境，在火灾发生时能熟练按照预定的程序和方法展开行动。

火灾应急预案的作用就是将火灾事故控制在初期，尽量减少损失，一方面控制火灾事故蔓延，另一方面为外部救援赢得时间。

制定火灾应急预案是实现本质安全型管理的需要

随着社会生产的发展，单位的管理已从早期亡羊补牢的被动方式转变为主动防范模式，依靠科技进步使安全管理逐渐趋于完善。例如，建设项目"三同时"规定，安全性评价、预先危险性评价、设备的安全防护等，作为事故预防的有效手段发挥了不可低估的作用。火灾应急预案除了在火灾事故中发挥作用外，还可以在编制和演练中发现事故预防的不足，及时、有针对性地采取相应的预防对策，从而真正达到安全管理和预防事故发生的目的。

火灾应急预案的特点

火灾应急预案是机关、团体、企业、事业单位通过对构成火灾的各种危险因素的综合分析和研究，结合已有的工作经验和教训，根据职责和任务，事先

制定出适合实体、目标、火灾特点处置的一套工作预案，具有系统性、全面性、实用性和可操作性。

系 统 性

系统性是指火灾应急预案的制定过程应将可能出现的灾害所处外部环境、表现形态、运动规则和变化过程作为一条链条上不同环节进行综合考察和研究，分析确定可能出现的情况，有针对性地做出判断，提出相应的对策，以保证灭火和人员疏散预案的有效性和可行性。同时，火灾应急预案要从系统的安全出发，充分考虑与系统安全有联系的各类要素，分层次、分步骤、分阶段地进行处置火场情况，发挥系统中各个子系统的功能和作用，取得最佳的灭火和人员疏散效果。

全 面 性

全面性是指火灾应急预案必须要多方设想、周密分析、全面安排，对于一旦发生问题就能够影响全局的细节、区域或部位，都要给予充分考虑，以确保火灾应急预案的全面性。

实 用 性

实用性是指火灾应急预案建立在对火灾发生、发展、变化，各种可能性初步分析和判断的基础上，是对火灾发生、发展规律性的认识。因此，火灾应急预案应着眼于灭火和人员疏散中可能发生的各种问题，以提高解决实际问题的能力。同时，预案还必须结合本单位的特点、自身条件、能力和周边环境等实际情况，切不可凭空想象。

可操作性

可操作性是依据火灾发生、火场的地理位置和社会环境等不同特点、规律的现实情况制定的，因此，火灾应急预案必须是针对实践中可能遇到的各种复杂的情况而做出的规范。

火灾应急预案的内容

《机关、团体、企业、事业单位消防安全管理规定》第 39 条规定，消防安全重点单位制定的灭火和应急疏散预案应当包括下列内容：

（1）组织机构，包括灭火行动组、通讯联络组、疏散引导组、安全防护救护组。

（2）报警和接警处置程序。

（3）应急疏散的组织程序和措施。

（4）扑救初起火灾的程序和措施。

（5）通讯联络、安全防护救护的程序和措施。

火灾应急预案的程序

为切实贯彻"预防为主，防消结合"的消防工作方针，各单位在广泛开展消防宣传教育，强化安全管理、安全检查、整改隐患的同时，应认真做好扑救火灾准备工作。各单位根据各自的实际情况，制定一套较为完善的应急方案并付诸演练，对应付突发性火灾事故能起到十分积极和有效的作用。尽管各单位的情况不尽相同，但为了使各单位在制定应急方案时有一个基本概念，特拟订方案的主要程序及有关内容如下。

程序一：报警

（1）假设某一部位起火。一员工首先发现起火或消防控制信号反馈并确认起火，第一反应立即拨打"119"报警。报警人要讲清着火单位、路名、门牌号、起火部位、燃烧性质、目前状况及本人姓名、联系电话等。

（2）报警完毕后，即向本单位的最高行政领导或总值班报告。

（4）单位最高行政领导接到报告后，必须及时召集本单位的有关人员到火灾现场。

程序二：成立临时救灾指挥部

由单位的最高行政领导和有关人员（安保、工程及事发部门等负责人）选择合适部位成立临时救灾指挥部，最高行政领导为指挥部指挥。

程序三：通报

根据"救人第一和准确、迅速、集中兵力打歼灭战"的指导思想，充分利用本单位现有的一切宣传工具（如广播、室内音响设备等）或大声喊叫，向室内或被困人员发出通报。通报内容：

（1）火灾情况。

（2）稳定人员情绪。

（3）讲明疏散路线、方向。

程序四：疏散和救护

（1）划定安全区，根据本单位的特点和周围情况，确定人员疏散集结的安全区域和疏散通道。

（2）明确分工，由本单位义务消防人员引导和护送被困人员向安全区疏散，在疏散路线上应设立哨位，向被困人员指明方向，查清是否有人留在着火点或应疏散的区域内，安置好疏散下来的人员，并做好稳定情绪工作。

（3）疏散次序：

①先着火房间，后着火房间的相邻区域。

②先着火层以上各层，后着火层以下各层。

③指导青壮年沿着设定的疏散路线进入安全区，护送行动不便的人员从消防电梯疏散。

（4）现场救护，组织本单位医护人员在安全区及时对伤员进行处理或送医院救治。

程序五：组织灭火

（1）在全面展开疏散人员及物资的同时，指挥部组织专职消防人员、工程技术人员及有关人员组成的灭火指挥组，单位值班负责人或消防队长为灭火指挥。

（2）迅速组织专职（义务）消防队员利用现有的消防设备、设施、器材展开灭火。

（3）防排烟：①启动送风排烟设备，对疏散楼梯间、前室等部位正压送风，对着火房间、走道等部位机械排烟。②开启着火层以上各层疏散楼梯间的门窗自然排烟。③关闭防火分区的防火门、防火卷帘等。④把客用电梯全部降至首层锁好，并禁止使用。

程序六：安全警戒

（1）单位外围警戒任务是：清除路障，指挥无关车辆离开现场，劝导过路行人撤离现场，维持好单位外围的秩序，迎接消防车，为消防队员到场灭火创造有利条件。

（2）公安消防人员到达现场后，由单位临时救灾指挥向公安消防指挥报告火灾情况及处理情况，并移交指挥权，听从公安消防的调遣。

（3）火灾扑灭后，在火灾区域设立警戒区，保护好火灾现场，禁止无关人员进入，并积极配合协助公安消防部门调查火灾事故。

住宅火灾预防措施

为了给自己和亲人营造一个安全的家，人们应该主动消除家中的各种火灾隐患，平时在使用明火时要时刻注意防火。具体的防火措施如下：

（1）把好装修关，杜绝火灾隐患。居民装修过程中必须把好五关：一是严把材料关，尽量不用或少用易燃、可燃材料，尽量采用经过防火处理的材料；二是把好通道关，保持方便快捷的通路；三是把好电气线路关，做好绝缘保护；四是把好施工队伍关，确保施工人员素质；五是把好施工中的管理关，避免火灾隐患。

（2）时常检查家中的各种电器和线路，杜绝电气火灾。电暖器、取暖炉等要远离家具、电线、电器设备等；睡觉前或家中无人时，要切断电视机、收录机、电风扇等家用电器的电源；接通电烙铁的电源后，人员不要离开；不要让衣物、纸张等易燃物品靠近电灯、电暖气和炉火等；如果发现墙上电闸盒保险丝熔断、灯光闪烁、电视图像不稳、电源插座发烫、开关或电源插座冒火星等，

要立即请电工进行检查修理，因为这些迹象都说明可能是电气线路超负荷或是配线有误，电插座、开关附近也不要堆放可燃、易燃物品。另外，买回新的电器之后，应认真阅读使用说明书，正确使用电器。晚上睡觉前，特别是离家外出时间较长时，如旅游、走亲访友等，应检查电视机、电暖器、微波炉等电器开关是否已切断。及时清理电视机、空调、电冰箱等各种家用电器散热板上的灰尘，防止灰尘积聚堵住散热孔引发事故。各种电器的安全接地保护也很重要。只要我们平时注意检查各种电器及线路的使用状态，发现隐患及时处理，就能有效地降低家庭电气火灾的危险。

（3）管理好厨房燃气和灶具，杜绝厨房火灾。多数家庭火灾发生在厨房，做饭时人尽量不要离开，灶具开着时不能长时间无人看管；不要把食品、毛巾、抹布等放在灶具上；烧水做饭时注意不要让溢出物浇灭炉火；要经常清除炉具上的油污和溢出的食物；学会用锅盖或大盘子扑灭较小的油火，千万不要往油火上泼水；不要随便摆弄燃气灶具；燃气灶具冒出的火星会引燃汽油、油漆、干洗剂等挥发出的气体，应避免把这些东西放在厨房内，更不要把它们放在炉具上；晚上睡觉或者白天出门前，一定要检查炉灶，关好燃气开关，以免燃气泄漏发生火灾和爆炸。

（4）管理好明火。尽量不要接触火柴、蜡烛、打火机等易引发火灾的物品，即便使用，也要注意安全。

加油站火灾预防措施

加油站的油品多为汽油。汽油具有如下危险特性：第一，易燃易爆。汽油的闪点较低，蒸发速度很快，在遇火、受热以及与氧化剂接触时都会出现燃烧的危险，并且燃烧传播速度很快。汽油火灾的水平传播速度，即使在封闭的储油罐内，也会达到 2～4 米/秒。同时，汽油易挥发，其挥发气体与空气混合形成的混合气体如果达到一定的浓度，一旦遇到引爆源，就很容易发生爆炸。第二，易蒸发、扩散和流淌。汽油属于液体，具有流动扩散的特性，一旦发生泄漏，很容易四处流淌。如果发生火灾，则容易形成流淌火，使火势扩大，殃及邻近建筑物或者车辆。第三，易积聚静电荷。汽油还具有带电能力，在其灌注、运输、装卸和加油作业时容易产生静电，静电所产生的电火花很容易引燃汽油，造成火灾或爆炸。第四，易受热膨胀。汽油受热后，温度升高，体积膨胀。汽油温度变化 1℃，其体积变化 0.12%，所以装油的容器应留有足够的气体空间，以免容器胀破。

基于以上汽油的危险特性，加油站火灾特点大体上可以总结如下：

（1）火势大，火灾蔓延速度快。加油站内一旦发生火灾，火势会以极快的速度扩大蔓延。

（2）火灾往往伴随着爆炸或多次爆炸。加油站内的火灾可能是由于爆炸引起的，但火灾一旦发生，其燃烧释放出来的热量会辐射到临近加油机或者车辆，导致其发生爆炸或者燃烧。因为不断有其他火源加入，所以加油站火灾常常是越烧越旺，并伴随着一连串爆炸。

（3）火灾造成的损失大，人员伤亡严重。加油站一旦着火，扑救起来比较

困难，并且因为火势蔓延极其迅速，所以容易造成人员伤亡。

预防加油站火灾一定要做到：

（1）严格遵守国家有关消防规范的要求和规定，不在加油站内放鞭炮、使用打火机等。

（2）看见有人抽烟、玩火应上前制止、提醒。

（3）若有火星，必须马上扑灭。

（4）若遇上小火，应马上使用灭火器将其扑灭。

液化石油气站火灾预防措施

液化石油气的特性跟汽油差不多，都属于易燃、易爆物质。液化石油气的主要成分是丙烷、丁烷、丙烯、丁烯等。在常温常压下通常是气态，加压之后则变成液态，其爆炸极限为2%～10%。液化石油气还具有易挥发的特性，1升液态液化石油气在变为气态时，其体积将膨胀250多倍，即成为250升以上的气体。其受热易膨胀的特点也非常明显，液化石油气的体积膨胀系数比水大十几倍，且随着温度的升高而增大。

液化石油气储罐火灾爆炸前兆

（1）火焰发白、变亮，使人产生刺眼的感觉。组成液化石油气的烃类在火灾情况下会出现高温裂解，产生碳粒子。碳粒子在一般火焰温度（700～800℃）时呈现红光或黄光，在火焰温度超过1000℃高温时，这些碳粒子就会发白、变亮，给人的视觉造成刺激。

（2）安全阀和排空阀等泄放孔发出刺耳的啸叫声。火场上温度比常温高出

许多，温度升高使液化石油气储罐内的气体体积膨胀，为了保持罐内的安全压力，罐内的气体会大量外泄，通过安全阀和排空阀等泄放孔的气体流速就会大大增大，从而发出刺耳的啸叫声。

（3）金属罐体变形、抖动，并发出响声。当储罐所承受的压力超过材料的极限时，通常会发生较大的变形。与其相连的管道、阀门、基础相对变形，发出响声。

液化石油气火灾和爆炸特点

（1）火灾和爆炸威力大，破坏性大。液化石油气闪点、燃点低，爆炸极限范围大，一旦遇到明火，很容易发生燃烧或者爆炸。并且其爆炸速度极快，若液化石油气的火焰温度高于2000℃，那么其爆炸速度可达每秒2000~3000米。爆炸时产生的强大气浪可致使建筑物倒塌和人员伤亡，并且爆炸可使事故现场瞬间变成一片火海，从而导致更大的人员伤亡和财产损失。另外，液化石油气站内的液化石油气钢瓶或储罐数量众多。如果其中一个发生爆炸，很容易殃及其他，从而造成一连串爆炸。

（2）火势蔓延速度快，扑救困难。液化石油气火灾常常是在爆炸的瞬间发生的，并且同时会形成大体积的空间火焰。如果不及时采取措施，在大的液化

石油气站内，会不断有其他火源加入，使爆炸和火灾情况更加严重。另外，液化石油气站内火灾扑救起来非常困难，充满危险。因为罐体在发生爆炸之后，大量液化石油气逸出与空气混合，形成具有爆炸性的混合气体，很容易发生二次爆炸，并形成大面积燃烧。如果此时盲目进入现场灭火，极易造成人员伤亡。

预防措施

液化石油气是易燃易爆的物质，需特别注意以下事项：

（1）尽量不靠近液化石油气这些危险性较高的物品。

（2）不要在液化石油气附近扔打火机、蜡烛等有明火的物品。

（3）若发现液化石油气有异常情况需马上离开并告诉相关管理人事。

（4）严格遵守液化石油气的相关管理规定。

交通运输工具火灾预防措施

如今，不论是陆上的车辆、天上的飞机，还是水里的轮船，都给我们的工作和生活带来了极大的便利。但我们在享受现代交通工具舒适便捷的同时，也面临着不同的危险，火灾就是其中之一。现在的主要交通工具，大多以易燃液体作为燃料，交通工具的油箱容量大，被火烧烤后容易发生破裂和爆炸，导致油料遍地流淌，造成流淌火，使火灾危险性加大。另外，不管是载人还是载货的交通工具，其装载数量都很大，并且开口又少，一旦发生火灾，极易造成重大人员伤亡和财产损失。

飞机火灾的特点和预防措施

飞机是现代化的交通工具，随着科学技术的发展和社会的实际需要，现代化飞机正朝着大型、高速方向发展，飞机上的设施装备也日益豪华、舒适。但纵观航空历史，不管是国内还是国外，飞机火灾事故时有发生。那么，飞机具有哪些火灾危险性？其火灾一般又具有什么特点呢？

（1）可燃、易燃物多，火灾危险性大。现代化的飞机为了给旅客提供舒适的环境，客舱内部装修豪华、美观，飞机上生活设施一应俱全。但是同时也成为了可燃、易燃物品聚积的地方。首先，飞机在制造时使用了大量的可燃金属和非金属材料作为零部件或装饰、装修材料，如钛合金和镁合金。钛合金不易燃烧，但其熔点较低，是一种有火灾危险的金属材料，一旦发生燃烧，火势异常猛烈，用一般灭火剂难以扑救。镁合金燃点为650℃，遇水后燃烧更为猛烈，甚至会发生爆炸，需用特殊灭火剂才能扑灭。飞机客舱内密集的座椅、地板上

的地毯以及其他设施，有的虽然做过阻燃处理，但在大火情况下，仍然有燃烧的可能。飞机航行时需携带大量的易燃可燃液体作为燃料，一架飞机所携带的燃油量相当于一个中型加油站的储油量。这些都是飞机本身携带的可燃物。

其次，乘客携带的行李、衣物等外来可燃物也增加了飞机内部的火灾荷载。所以机舱内可燃物大量聚积，导致其火灾危险性增大。

（2）火灾蔓延速度快，扑救困难。如果飞机在起飞或者着陆时发生火灾，扑救起来还相对容易一些。因为这时可以借助机场专职消防队的力量将火灾扑灭。但如果飞机在飞行过程中着火，而机组人员又没能及时在火灾发生初期将火扑灭，那么火灾就会迅速蔓延，失去控制，形成大面积燃烧。这主要是由以下几个原因造成的：①飞机内空间相对狭小，可燃物聚积，火灾荷载大。②飞机内一舱起火，很快就会蔓延至其他舱位。③飞机在飞行过程中，速度较快，氧量供应充足。④飞行过程中起火，地面消防力量无法参与救援。

（3）容易发生爆炸。飞机内部起火，在密闭狭小的空间内温度会迅速升高，里面的气体也会迅速膨胀，极易造成爆炸。另外，高温对发动机舱也有很大的威胁，一旦发动机舱遇火燃烧，爆炸就难以避免。

（4）火灾造成的烟气毒性大，易使人窒息死亡。因为飞机内部的可燃物大多为有机物质，在燃烧过程中会产生大量的有毒气体和烟雾。飞机各舱之间互相连接，有毒气体和烟雾会很快充满机舱内部。同时，飞机的密闭性非常高，有毒气体和烟雾很难散发出去。在这种情况下，飞机内人员极易中毒身亡。

（5）人员难以逃生。飞机上人员过于集中，人均活动面积较小，并且飞机升空以后，机内人员没有主动权，没有逃生路。

那么，如何预防飞机火灾呢？

（1）乘机不要携带易燃、可燃物品及化学危险品。

（2）严格遵守乘坐飞机的相关规定。

（3）不准在飞机上玩火。

（4）若发现异常，马上通知相关人员。

（5）检查座位附近的电路是否有老化和绝缘脱落现象。

客船火灾的特点和预防措施

客船是我国沿海、沿江、沿河地区的主要水上旅客运载工具。一些大的客轮吨位很高，载客量很大。有的大型客轮能达到近十层，载客逾千人。客船不同于陆上交通工具，它是一个相对独立的流动场所，在安全管理和施救上如果单纯依靠外界的救援难度非常大。一旦发生火灾，等水上消防队员到达现场时，火势已增大，扑救起来非常困难，并且船上人员众多，极易造成重大人员伤亡。因此，了解客船火灾特点和预防措施，对于客船防火自救非常重要。

具体来说，客船火灾特点可归纳为以下几点：

（1）客船内可燃、易燃物多，火灾危险性大。客船在结构和装修材料上，规定采用不燃和难燃材料，但客船的客舱、驾驶室、船员生活舱之间的分隔围板和装饰用的木材、棉布、丝绸以及室内的床铺、家具、地毯、窗帘等，都是可燃物，容易着火。另外，客船机舱内电力、动力设备集中，储油柜及输油管道内存在大量油料。客舱在航行、停泊、检修作业中，稍有不慎，极易引发火灾。

（2）客船上各种服务一应俱全，在为顾客提供方便的同时，也增加了客船的火灾危险性。客船上设有厨房、餐厅，有的还在甲板上设临时烧烤摊点，几乎每层都设有小卖部、理发室、储藏室等。这些生活服务设施内都有大量的可燃易燃物品，不管用电还是使用明火，都存在着很大的火灾危险性。

（3）客船一旦发生火灾，其蔓延速度非常快，并潜伏着爆炸的危险。因为客船上可燃、易燃物品较多，再加上水上气流速度相对较快，火灾一旦发生，火势会借助风势迅速蔓延。如果火灾发生在机舱，情况会更糟糕。因为机舱内机器设备、电缆线、油管线等通到船体的各个方向，所以一旦机舱失火，火焰会顺着这些连接管线迅速向四周和船体上部蔓延。根据以往的经验，火灾一般在起火10分钟内就能蔓延至整个机舱，所以舱内的储油柜很容易受到火焰的熏烤而发生爆炸。

（4）容易形成立体火灾。大型客船跟建筑物类似，船上直通的内藏走廊、上下连接的楼梯、四通八达的水电和空调通风管道等都为火灾的蔓延提供了路径。所以如果客船某层着火，火灾会很快发生水平和垂直蔓延，形成立体火灾。

（5）火灾易产生有毒气体。因为客船内部的装修材料多为胶合板、泡沫塑料以及化学纤维等可燃材料，这些材料在燃烧时会产生大量的烟气和有毒气体。客船内人员集中的客舱内部空间狭小，走道狭窄、高度低，所以蓄烟量少，烟气和有毒气体会沿着狭窄的走道很快蔓延至各个房间，极易造成人员窒息死亡。

（6）火灾扑救和人员疏散困难。客船一旦发生火灾，火势和烟气蔓延非常迅速。如果船上工作人员或消防设施没能在火灾初期将火扑灭，那么后果将不堪设想。因为我国水上消防队相对较少，等消防队员赶到火灾现场的时候，大火一般都达到了充分发展阶段，错过了最佳扑救时机。船上人员众多，而疏散通道较少，且比较窄，疏散起来非常困难。在将人转移到随船携带的救生艇上时，也会比陆地疏散速度慢得多。

（7）船上钢材虽然不易着火，但钢结构的耐火性能差，极易受热变形，使上层船体倒塌或船体变形漏水。

通过对客船火灾特点的分析，我们可以看出，客船火灾关键在于做好预防。如果发生火灾，局势将很难控制。那么，如何做好客船防火呢？针对上述客船火灾特点，我们将火灾预防措施归纳如下：

（1）不准携带危险品上船。

（2）不准乱丢火柴梗、打火机，不准在床上玩火。

（3）查看床位或座位附近的消防装备，以便应急使用。

（4）坐船之前要了解相关规定，并严格遵守。

（5）若发现异常应立刻先通知相关人员。

旅客列车火灾的特点和预防措施

　　火车是陆上运送长途旅客的主要交通工具。尽管现在我国航线遍及全国，但火车还是以其便宜的价格吸引着绝大部分旅客。随着我国经济的发展和科学技术的进步，现在大部分旅客列车完成了更新换代，逐渐向封闭、豪华的空调列车方向发展。豪华空调列车在为旅客提供舒适的服务之外，也增加了列车的火灾危险性，发生火灾时，不利于旅客的顺利逃生，极易造成重大人员伤亡等。据报道，2003 年 5 月 15 日凌晨 3 时 45 分左右，印度旁遮普邦的一列客车刚开出北部城市卢迪亚纳的车站不久便着了火，造成至少 38 人丧生，死者大部分是妇女和儿童，另有大约 20 人被烧伤。当地政府官员们说，大火产生的热量导致出口车门无法打开，使大量人员无法逃生。而 2002 年 2 月 20 日发生在埃及的列车火灾更是悲惨，大火造成 350 名乘客死亡，遇难者烧焦的尸体卡在车厢之间或者窗栅栏之间，这次事故是埃及半个多世纪的铁路历史上最为严重的灾难。可见，旅客列车火灾不容忽视。旅客列车是一个流动的人员密集场所，了解其火灾特点，掌握其火灾预防措施，对于有效控制列车火灾非常重要。

旅客列车的火灾特点有：

（1）旅客列车上可燃物多，火灾蔓延速度快。首先，火车的卧铺车厢和硬座车厢的铺位、座椅和窗帘，旅客们携带的大包、小包行李等都是可燃物。其次，火车的空调系统把整列火车连成了一个整体。一旦发生火灾，火势会迅速蔓延，并通过空调管线传播到其他车厢。如果是双层空调列车，火焰会进一步蔓延至上层，危及上层乘客的生命安全。再次，火车如果处于高速行驶过程中，其行驶过程中形成的气流压力也会加速火势的蔓延，使行驶中的列车变成一条火龙，严重威胁着乘客的生命安全。

（2）蓄烟量少，易造成人员中毒身亡。因为火车内部空间狭小，高度较低，再加上空调列车窗户密封，烟气很难释放到车外，所以火灾产生的热烟气层会很快降低，充满整个车厢并向其他车厢蔓延。窗户密闭、人群拥挤、氧气供应不足，列车内有些可燃材料不能充分燃烧，所以释放出大量的一氧化碳和有毒气体，致使人员窒息身亡。

（3）人群拥挤，疏散困难。火车车厢内人员复杂、拥挤，过道狭窄，特别是一年中的几个人员流动高峰期（如春节、五一、十一等），连车厢过道里都站满了人，在车厢里通行非常困难。在这种情况下，车厢两端两个窄窄的疏散车门远远不能满足疏散的需要。窗户不失为一个好的逃生出口，但现在的空调列车的窗户为了密闭性好，多为双层玻璃，并且不能开启。虽说紧急情况下可以将玻璃砸破，但这种窗户并不是任何人都能砸破的，也不是使

用任何东西都能砸破的，而且寻找东西砸玻璃也会耽误宝贵的逃生时间。所以说，列车内一旦发生火灾，如果不能及时将其扑灭在萌芽状态，后果将不堪设想。

（4）火车像一条长匣子，扑救困难。空调列车内部是一个比较密闭的空间，如果内部起火，救援人员很难快速进入车内进行扑救。另外，火车轨道不同于一般车辆。为了安全，火车轨道两侧多用铁丝网围护，并且常常远离公路。所以一旦火车起火，最近的消防救援队即使能够快速到达现场，而消防车辆也很难快速接近火车实施灭火，其灭火前期的准备时间相对较长。

上述列车火灾特点要求我们必须做好火灾预防工作，防患于未然才能保证乘客的安全。我们将旅客列车火灾预防措施归纳为下列几点：

（1）禁止乱扔带有明火的物品。

（2）严禁携带易燃、易爆物品。

（3）严格遵守列车乘车规定。

（4）事先要多学习相关消防知识。

第三章

火灾发生时如何逃生与互救

火场中的暂时逃生安全区域

发生火灾时，应优先考虑沿楼梯向下快速逃离火灾现场。一时无法逃至绝对安全区域的情况下，下列场所可以作为暂时逃生安全区域：

（1）封闭楼梯间和防烟楼梯间。

（2）建筑物中的阳台和屋顶平台。

（3）高层建筑起火楼层的下两层及以下楼层。

（4）高层建筑中的避难层、避难间。

关注消防 珍爱生命

火场逃生自救72字口诀

熟悉环境 出口易找　发现火情 报警要早　保持镇定 有序外逃

简易防护 匍匐弯腰　慎入电梯 改走楼道　缓降逃生 不等不靠

火已及身 切勿惊跑　被困室内 固守为妙　远离险地 不贪不闹

火场逃生时如何防止烟气的危害

（1）佩戴简易的防烟面具或空气呼吸器。

（2）低姿弯腰行走或匍匐前进。

（3）采用毛巾、衣物等织物捂住口鼻。

居家被围如何逃生

当家中失火或者楼层邻近家起火而被浓烟和高温围困在家中时，应想尽办法，尽一切可能逃到屋外，远离火场，保全自己。为此应该做到以下几点：

（1）开门之时，先用手背碰一下门把。如果门把烫手，或门缝有烟冒进来，切勿开门。用手背先碰门把是因金属门把传热比门框快，手背一感到热就会马上缩开。

（2）若门把不烫手，则可打开一道缝以观察可否出去。用脚抵住门下方，防止热气流把门冲开。若门外起火，开门会鼓起阵风，助长火势，打开门窗则形同用扇扇火，应尽可能把全部门窗关上。

（3）弯腰前行，浓烟从上往下扩散，在近地面 0.9 米左右，浓烟稀薄，呼吸较容易，视野也较清晰。

（4）如果出口堵塞了，则要试着打开窗或走到阳台上，走出阳台时随手关好阳台门。

（5）如果居住在楼上，而该楼层离地不太高，落点又不是硬地，可抓住窗沿悬身窗外伸直双臂以缩短与地面之间的距离。这样做虽然可能造成肢体的扭伤和骨折，但这毕竟是主动求生。在跳下前，先松开一只手，用这只手及双脚撑一撑离开墙面跳下。在确实无其他办法时，才可从高处下跳。

（6）如果要破窗逃生，可用顺手抓到的东西（较硬之物）砸碎玻璃，把窗口碎玻璃片弄干净，然后顺窗口逃生。如无计可施则关上房门，打开窗户，大声呼救。如果在阳台求救，应先关好后面的门窗。

（7）如没有阳台，则一面等候援救，一面设法阻止火势蔓延。用湿布堵住门窗缝隙，以阻止浓烟和火焰进入房间，以免被活活烧死。

（8）向木质家具及门窗泼水防止火势蔓延。邻室起火，不要开门，应从窗户、阳台转移出去。如贸然开门，热气浓烟可乘虚而入，使人窒息。睡眠中突然发现起火，不要惊慌，应趴在地上匍匐前进，因为靠近地面处会有残留的新鲜空气，不要大口喘气，呼吸要细小。

（9）失火时，如携婴儿撤离，可用湿布蒙住婴儿的脸，用手挟着，快跑或爬行而出。

单元式住宅火灾的逃生方法

单元式居民住宅是人们稳定生活，安逸休息，维持生存的重要场所。火灾发生后，具体的逃生方法有：

（1）利用门窗逃生。把被子、毛毯或褥子用水淋湿裹住身体，用绳索（可用床单、窗帘撕成布条代替）一端系于门、窗、管道或其他牢靠的固定物体上，另一端系于老人、小孩的两肋和腹部，将其沿窗放至地面，其他人可沿绳滑下。

（2）利用阳台逃生。相邻单元的阳台相互连通的，可拆破分隔物，进入另一单元逃生。无连通阳台但阳台相距较近时，可将室内床板或门板置于阳台之间，搭桥通过。

（3）利用空间逃生。室内空间较大而可燃物较少时将室内可燃物清除干净，同时清除相连室内可燃物，紧闭与燃烧区相通的门窗，防止烟和有毒气体进入，等待救援。

（4）利用时间差逃生。火势封闭了通道时，人员先疏散至离火势最远的房间内，争取时间、准备逃生器具，利用门窗，安全逃生。

（5）利用管道逃生。房间外墙壁上有落水管或供水管道时，有能力的人，可以利用管道逃生，这种方法一般不适用于妇女、老人和儿童。

高层建筑遭遇火灾如何逃生

高层建筑发生火灾后的特点是火势蔓延速度快，火灾扑救难度大，人员疏散困难。在高层建筑火灾中被困人员的逃生自救可以采用以下几种方法：

（1）尽量利用建筑内部设施逃生：利用消防电梯、防烟楼梯、普通楼梯、封闭楼梯、观景楼梯进行

逃生；利用阳台、通廊、避难层、室内设置的缓降器、救生袋、安全绳等进行逃生；利用墙边落水管进行逃生；将房间内的床单或窗帘等物品连接起来进行逃生。

（2）根据火场广播逃生。高层建筑一般装有火场广播系统。当某一楼层或楼层某一部位起火且火势已经蔓延时，不可惊慌失措盲目行动，而应注意听火场广播和救援人员的疏导信号，从而选择合适的疏散路线和方法。

（3）自救、互救逃生。利用各楼层存放的消防器材扑救初起火灾。充分运用身边物品自救逃生（如床单、窗帘等）。对老、弱、病、残、孕妇、儿童及不熟悉环境的人要引导疏散，共同逃生。

地下建筑遭遇火灾如何逃生

随着社会的发展，地下建筑也作为一种重要的建筑形式发展起来，大量的地下商场、超市不断涌现。这类场所给火场逃生自救带来了严峻的挑战，可以采用以下几种方法进行逃生：

（1）进入地下建筑时，应对内部设施和结构布局进行观察，掌握通道和出口路线，以防万一。

（2）逃生时，尽量低姿势前进，不要做深呼吸，并尽可能用湿毛巾或衣服捂住口鼻，以防将烟雾吸入呼吸道。

（3）逃离地下建筑后，不得重返地下。

（4）万一疏散通道被阻断，应利用现有器材积极扑救，并尽量想办法延长生存时间，等待救援。

商场、集贸市场遭遇火灾如何逃生

商场（集贸市场）火灾有别于其他火灾，逃生方法也有其自身特点：

（1）利用疏散通道逃生。每个商场都按规定设有室内楼梯、室外楼梯，有的还设有自动扶梯、消防电梯等，发生火灾后，尤其是在初起火灾阶段，这些都是良好的逃生通道。下楼梯时应抓住扶手，以免被人群撞倒。不要乘坐普通电梯进行逃生。

（2）自制器材逃生。商场（集贸市场）是物质高度集中的场所，商品种类繁多，发生火灾后，可利用逃生的物资是比较多的。如毛巾、口罩浸湿后可制成防烟工具捂住口、鼻，利用绳索、布匹、床单、地毯、窗帘来开辟逃生通道；如果商场（集贸市场）还经营五金等商品，还可以利用各种机用皮带、消防水带、电缆线来开辟逃生通道；穿戴商场（集贸市场）经营的各种劳动保护用品，如安全帽、工作服等可避免烧伤和坠落物质的碰伤。

（3）利用建筑物逃生。发生火灾时，如上述两种方法都无法逃生，可利用落水管、房屋内外凸出部分和各种门、窗及建筑物的避雷网（线）进行逃生，或转移到安全地域再寻找机会逃生。运用这种逃生方法时，既要大胆又要细心，特别是老、弱、病、妇、幼等人员切不可盲目行事，否则容易造成伤亡。

（4）寻找避难处所。在无路可选的情况下应积极寻找避难处所，如到室外阳台、楼房平顶等待救援；选择火势、烟雾难以蔓延的房间关好门窗，堵塞间隙，房间如有水源，要立刻将门、窗和各种可燃物浇湿，以阻止或减缓火势和烟雾的蔓延。无论白天或夜晚被困者都应大声呼救，不断发出各种呼救信号，引起救援人员的注意，帮助自己脱离险境。

影剧院火灾的逃生方法是什么

1. 选择安全出口逃生

影剧院都设有消防疏散通道，并装有门灯、壁灯、脚灯等应急照明设备，设有"太平门""出口处"或"非常出口""紧急出口"等指示标志。发生火灾后，观众应按照这些应急照明指示设施所指引的方向选择人流较小的疏散通道迅速撤离。

（1）当舞台发生火灾时，火灾蔓延的主要方向是观众厅，厅内不能及时疏散的人员，要尽量靠近放映厅的一端选择时机逃生。

（2）当观众厅发生火灾时，火灾蔓延的主要方向是舞台，其次是观众厅。逃生人员可利用舞台、放映厅和观众厅的各个出口迅速疏散。

（3）当放映厅发生火灾时，火灾蔓延的主要方向是舞台，其次是放映厅。逃生人员可利用舞台、放映厅和观众厅的各个出口迅速疏散。

（4）发生火灾时，楼上的观众可以从疏散门通过楼梯向外疏散。楼梯如果被烟雾阻隔，在火势不大时，可从火中冲出去，虽然人可能会受点伤，但可避免生命危险。此外，还可就地取材，利用窗帘布等自制救生器材，开辟疏散通道。

2. 注意事项

（1）疏散人员要听从影剧院工作人员的指挥，切忌互相拥挤，乱跑乱逃，堵塞疏散通道，影响疏散速度。

（2）疏散时，人员要尽量靠近承重墙或承重构件部位行走，以防坠物砸伤。特别是观众厅发生火灾时，人员不要在剧场中央停留。

（3）若烟气较大时，宜弯腰行走或匍匐前进，因为靠近地面的空气较为清洁。

棚户区遭遇火灾如何逃生

棚户区也叫简易建筑区，是指用草、木、竹、油毡等可燃材料搭建的简易房屋群。起火后，火势蔓延快，烟雾扩散快，被困人员安全脱逃十分困难，一般可以采用以下几种逃离方法：

（1）抓住时机逃离房间。棚户区房间面积小，发生火灾后要果断抓住时机逃离房间，退到较为安全地区，切不可因抢救财物而延误了时机。

（2）逃离路线要选对。当火势蹿出屋顶，房屋出现倒塌迹象时，最好沿承重墙逃出房间，住在阁楼上的人在逃生时，应采取前脚虚后脚实的方法行走，避免因阁楼烧坏，脚踏空而坠楼摔伤。

（3）身上着火会处理。当身上着火时，切不可带火奔跑，应设法把衣服脱掉，如果一时脱不掉，可把衣服撕破扔掉，也可卧倒在地上打滚，把身上的火苗压熄或想法淋湿衣服或就近跳入水池。

（4）逃离火场要选上风向。对于大面积燃烧的火场，虽然逃出了房间，但仍处在火势的包围之中，这时不要惊慌，退到较为安全的空地，选择上风方向奔跑逃生，尽量减少呼吸，并注意避免房屋倒塌砸伤自己。

（5）保命要舍财。棚户区发生火灾时，蔓延非常迅猛，逃生机会稍纵即逝，因此火场逃生时必须冷静、果断，以保全生命为原则，在此前提下方可抢救财物。

校园内遭遇火灾如何逃生

火灾无情，一旦发生了火灾，同学们一定要保持清醒的头脑，争分夺秒，快速离开。万一被火围困，更要随机应变，设法脱险。

现代教学楼由于楼层逐渐增高，结构越来越复杂，学生密度大，加上课桌、课椅等可燃物较多，发生火灾时逃离比较困难。一旦着火，可考虑选择以下方法逃生：

（1）当发现楼内失火时，切忌慌张、乱跑，要冷静地弄清着火方位，确定风向，并在火势未蔓延前，朝逆风方向快速离开火灾区域。

（2）起火时，如果楼道被烟火封死，应立即关闭房门和室内通风孔，防止进烟，随后用湿毛巾捂住口鼻，防止吸入热烟和有毒气体，并将衣服浇湿，以免引火烧身。如果周围实在找不到水，自己或他人的尿水都是救命的"稻草"。如果楼道中只有烟没有火，可在头上套一个较大的透明塑料袋，防止烟气刺激眼睛和吸入呼吸道，并采用弯腰的低姿势，逃离烟火区。

（3）如果楼层不高，可以在老师的保护和组织下，用绳子从窗口降到安全地区。

（4）发生火灾时，不能乘电梯，因为电梯随时可能发生故障或被火烧坏，应沿防火安全疏散楼梯朝底楼跑。如果中途防火楼梯被堵死，应立即返回屋顶平台，并呼救求援，也可以将楼梯间的窗户玻璃打破，向外高声呼救，让救援人员知道你的确切位置，以便营救。

交通工具遭遇火灾如何逃生

客船火灾中的逃生方法

客船发生火灾时，盲目地跟着已失去控制的人乱跑乱撞是不行的，一味等待他人救援也会延误逃生时间，有效的办法是赶快自救或互救逃生。客船上发生火灾时可采取以下几种逃生方法：

（1）利用客船内部设施逃生。

（2）利用内梯道、外梯道和舷梯逃生。

（3）利用逃生孔逃生。

（4）利用救生艇和其他救生器材逃生。

（5）利用缆绳逃生。

但不同部位、不同情况下人员又有不同的逃生方法：

（1）当客船在航行时船舱起火，船舱人员可利用尾舱通向上甲板的出入孔逃生。船上工作人员应引导船上乘客向客船的前部、尾部和露天板疏散，必要时可利用救生绳、救生梯向水中或来救援的船只上逃生，也可穿上救生衣跳进水中逃生。如果火势蔓延，封住走道时，来不及逃生者可关闭房门，不让烟气、火焰侵入。情况紧急时，也可跳入水中。

（2）当客船前部某一楼层着火，还未延烧到船舱时，应采取紧急靠岸或自行搁浅措施，让船体处于相对稳定状态。被火围困人员应迅速往主甲板、露天甲板上疏散，然后，借助救生器材向水中、来救援的船只及岸上逃生。

（3）当客船上某一客舱着火时，舱内人员在逃出后应随手将舱门关上，以防火势蔓延，并提醒相邻客舱内的旅客赶快疏散。若火势已蹿出封住舱内走道时，相邻房间的旅客应关闭靠内走廊房门，从通向左右船舷的舱门逃生。

当船上大火将直通露天的梯道封锁致使着火层以上楼层的人员无法向下疏散时，被困人员可以疏散到顶层，然后向下施放绳缆，沿绳缆向下逃生。总而言之，客船火灾中的逃生不同于陆地火场上逃生，应依据当时客观条件而定，尽量避免和减少不应有的伤亡。

列车火灾中的逃生方法

旅客列车的火灾特点：一是易造成人员伤亡。二是易形成一条火龙。三是易造成迅速蔓延。四是易产生有毒气体。

1. 旅客列车火灾的逃生方法

（1）利用车内的设施逃生。

（2）当列车发生火灾时，被困人员可以通过各车厢互连通道逃离火场。（相邻车厢间有自动或手动门）通道被阻时，可用坚硬的物品将玻璃窗户砸破，逃离火场。

（3）当列车发生火灾时，乘务员应迅速扳下紧急制动闸，使列车停下来，并组织人力迅速将车门和车窗全部打开，帮助未逃离起火车厢的被困人员向外疏散。

（4）摘挂钩疏散车厢。旅客列车在行驶途中或停车时发生火灾，威胁相邻车厢时，应采取摘钩的方法疏散未起火车厢，具体方法如下：

①前部或中部车厢起火时，先停车摘掉起火车厢与后部未起火车厢之间的连接挂钩，机车牵引向前行驶一段距

离后再停下，摘掉起火车厢与前面车厢之间的挂钩，再将其车厢牵引到安全地带。

②后部车厢起火时，停车后先将起火车厢与未起火车厢之间连接的挂钩摘掉，然后用机车将未起火的车厢牵引到安全地带。

2. 注意事项

（1）当起火车厢内的火势不大时，列车乘务人员应告诉乘客不要开启车厢门窗，以免大量的新鲜空气进入后，加速火势的扩大蔓延。

（2）组织乘客利用列车上灭火器材扑救火灾，还要有秩序地引导被困人员从车厢的前后门疏散到相邻的车厢。

（3）当车厢内浓烟弥漫时，要告诉被困人员采取低身行走的方式逃离到车厢外或相邻的车厢。

（4）当车厢内火势较大时，应尽量破窗逃生。

（5）采用摘挂钩的方法疏散车厢时，应选择在平坦的路段进行。对有可能发生溜车的路段，可用硬物塞垫车轮，防止溜车。

公交车发生火灾时的逃生方法是什么

公交车是人们生活中不可缺少的交通工具，人员众多是其一个最大的特点，一旦发生火灾我们应采取以下几种自救的方法：

（1）当发动机着火后，驾驶员应开启车门，让乘客从车门下车。然后，组织乘客用随车灭火器扑灭火焰。

（2）如果着火部位在汽车中间，驾驶员打开车门，让乘客从两头车门有秩序地下车。在扑救火灾时，重点保护驾驶室和油箱部位。

（3）如果火焰虽小但封住了车门，乘客们可用衣物蒙住头部，从车门冲下。

（4）如果车门线路被火烧坏，开启不了，乘客应砸开就近的车窗翻下车。

（5）开展自救、互救方法逃生。

地铁失火如何逃生

随着城市的发展，地铁已经成为大城市不可缺少的交通工具，而近年地铁灾害事故也在不断的增多，其中火灾占有不小的比例。乘坐地铁时发生火灾有以下几种逃生方法：

（1）在地铁中发现车厢停电，并有异味、烟雾等异常情况，应立即按响车厢内紧急报警装置通知司机。

（2）地铁失火时，不要惊慌应保持镇静，不要任意扒门，更不能跳下轨道，耐心地等待车站工作人员的到来。要会用车厢内的消防器材，奋力将小火控制、扑灭。

（3）疏散时注意看指示灯标志。地铁站都会设有事故照明灯。

（4）按照广播以及司机、车站工作人员的指引，做好个人防护（如毛巾捂鼻等），迅速有秩序地疏散到地面。

汽车火灾的逃生方法

近年来，随着出租车、私家车的不断增多，汽车火灾事故时有发生（包括自燃和碰撞起火），给人民的生命财产造成了不应有的损失，给我们的教训是深刻的。除了平时在车上要配备灭火器外，还要掌握一些汽车火灾的扑救和逃生方法。

（1）当汽车发动机发生火灾时，驾驶员应迅速停车，让乘坐人员打开车门自己下车，然后切断电源，取下随车灭火器，对准着火部位的火焰正面猛喷，扑灭火焰。

（2）汽车车厢货物发生火灾时，驾驶员应将汽车驶离重点要害部位（或人员集中场所）停下，并迅速向消防队报警。同时驾驶员应及时取下随车灭火器扑救火灾，当火一时扑灭不了时，应劝围观群众远离现场，以免发生爆炸事故，造成无辜群众伤亡，使灾害扩大。

（3）当汽车在加油过程中发生火灾时，驾驶员不要惊慌，要立即停止加油，迅速将车开出加油站（库），用随车灭火器或加油站的灭火器以及衣服等将油箱上的火焰扑灭，如果地面有流散的燃料时，应用库区灭火器或沙土将地面火扑灭。

（4）当汽车在修理中发生火灾时，修理人员应迅速上车或钻出地沟切断电源，用灭火器或其他灭火器材扑灭火焰。

（5）当汽车被撞倒后发生火灾时，由于撞倒车辆零部件损坏，乘车人员伤亡比较严重，首要任务是设法救人。如果车门没有损坏，应打开车门让乘车人员逃出，以上两种方法也可同时进行。同时驾驶员可利用扩张器、切割器、千斤顶、消防斧等工具配合消防队救人灭火。

（6）当停车场发生火灾时，一般应视着火车辆位置，采取扑救措施和疏散措施。如果着火汽车在停车场中间，应在扑救火灾的同时，组织人员疏散周围停放的车辆。如果着火汽车在停车场的一边时，应在扑救火灾的同时，组织疏散与火相连的车辆。

（7）当驾驶员和乘车人员衣服被烧着时，如时间允许，可以迅速脱下衣服，用脚将衣服的火踩灭；如果来不及，乘客之间可以用衣物拍打或用衣物覆盖火势以窒息灭火，或就地打滚滚灭衣上的火焰。

森林火灾中的逃生方法

进入林区或者到郊外发生火灾，应根据现场情况选择逃生的方法。

1. 逃生方法

（1）寻找安全区。当在森林中被火围困时，先要找一个安全的地方避火，最好的方法是进入火烧迹地、植被少、火焰低的地区。这些地方一般情况下大火卷不进来。

（2）点火自救。大火袭来已来不及逃跑时，应迅速把自己周围树木、荒草

等可燃物点燃烧尽，形成一片空地，使得火苗不能接近。要选择在比较平坦的地方，一边点顺风火，一边打两侧的火，一边跟着火头方向前进，进入到火烧后形成的空地中避火。

（3）俯卧避险。发生危险时，应就近选择植被较少处卧倒，脚朝火来的方向，扒开浮土直到见着湿土，把脸放进小坑内，用衣服包头，双手放在身体正面。

（4）迎风突围。当风向直指人员所在位置，火势正面冲来，而在顺风方向逃不过大火的速度时，要当机立断，选择草较小、较少之处，用衣服包头，憋一口气，迎火突围。人在7.5秒内应当可以突围。千万不能顺着风向与火赛跑，只能对着火冲。

2. 注意事项

参加森林火灾的扑火工作，在扑火的过程中要注意：

（1）防止被火烧伤。当火焰摆动越来越大时，要后退回避。遇有风向变化时，大火可能从身上烧来，这时要迅速撤退，在无力打开缺口突围时，要点火自救。扑救地下火时，不要在火区内乱走，以防走入火区。

（2）防止砸伤。要随时注意火线附近正在燃烧的树木，防止树木倒下伤人，灭火人员之间要随时注意提醒。

（3）防止电伤。灭火人员要远离林区内的电线杆，尤其是高压输电线路，防止因电杆倒落使人触电或砸伤人。

（4）防止碰伤眼睛。走在前边的人不要随意用手掰树枝，防止将后边人的面部、眼睛戳伤。

隧道火灾的逃生方法

21世纪是隧道和地下空间大发展的年代，地下隧道的开通为人们的出行缩短了里程，节省了宝贵的时间。但是，人们必须清醒地看到，目前国内隧道消防立法尚不健全，隧道的防火条件不甚理想，隧道火灾时有发生，给人们的生命和财产安全造成了很大的威胁，因此，当乘坐或驾车在公路隧道里通过时发现前方有异常火光和烟雾，并能准确判断是发生了火灾时，应当马上刹车，注意不让车滑行，关好门窗，不要上锁，钥匙放在车里，尽快逃向没有火的方向。

（1）寻找避难所。隧道里设计有避难所或安全通道，一旦隧道里发生了火灾，可以寻找最近的避难所避难或从最近的安全通道逃离火场。

（2）严禁在车里避难。隧道火灾中火势发展蔓延得很快，一旦发生火灾不要有侥幸心理，要立即下车逃离，避免不必要的损失。

火场逃生自救方法

一场大火降临，在众多被火围困的人员中，有的人跳楼丧生或造成终生残疾；也有人化险为夷，死里逃生。这固然与起火时间、地点、火势大小、建筑物内消防设施等因素有关，还要看被火围困的人员，在灾难临头时有没有逃生

的本领。那么，在火场中如何逃生自救呢？

人员疏散逃生方式

公众聚集场所在建设时须经公安消防部门审核、验收，方可投入使用。根据《建筑设计防火规范》要求，设置的疏散通道和安全出口在规定人数内，只要有组织、有秩序地疏散，5 分钟内即能全部疏散完毕。

（1）引导疏散。一是利用广播等工具喊叫引导人员疏散；二是通过熟悉通道的人员带领或指引被困人员脱离危险区域；三是进入避难层待援。

（2）协助疏散。对于老、弱、病、残、孕者，协助其脱离火区，并护送至安全地带。

（3）劝导疏散。当火势情况不甚明了，部分人员观望或不愿离开时，应劝导其离开。

（4）强制疏散。当受到火势威胁，由于种种原因有人一时不愿离开，经劝告不听时，可强行将其疏散。

熟悉环境法

就是要了解和熟悉我们经常或临时所处建筑物的消防安全环境。对我们通常工作或居住的建筑物，事先可制订较为详细的逃生计划，以及进行必要的逃生训练和演练。对确定的逃生出口、路线和方法，要让所有成员都熟悉掌握。必要时可把确定的逃生出口和路线绘制成图，张贴在明显的位置，以便平时大家熟悉，一旦发生火灾，则按逃生计划顺利逃出火场。当人们外出，走进商场、宾馆、酒楼、歌舞厅等公共场所时，要留心看一看太平门、安全出口、灭火器的位置，以便遇到火灾时能及时疏散和灭火。只有警钟长鸣，养成习惯，才能处险不惊，临危不乱。如 1985 年 4 月 18 日深夜，哈尔滨市天鹅宾馆发生特大火灾，起火的楼层住着一位日本客人。他在 18 日住进 11 层时，进房前先在门口看了看周围环境，知道了疏散出口。当夜里发现失火后，便穿过烟雾弥漫的走廊直往疏散通道摸去，得以死里逃生。

迅速撤离法

逃生行动是争分夺秒的行动。一旦听到火灾警报或意识到自己可能被烟火包围，千万不要迟疑，要立即跑出房间，设法脱险，切不可延误逃生良机。1989年，吉林省东辽县就曾发生过一位青年妇女已经逃离险境又返回火场穿衣服、抢拿财物，导致丧命火场的悲剧。一般来说，火灾初期烟少火小，只要迅速撤离，是能够安全逃生的。

毛巾保护法

火灾中产生的一氧化碳在空气中的含量超过1.28%时，即可导致人在1～3分钟内窒息死亡。同时，燃烧中产生的热空气被人吸入，会严重灼伤呼吸系统的软组织，严重的也可使人窒息死亡。逃生的人员多数要经过充满浓烟的路线才能离开危险的区域。逃生时，可把毛巾浸湿，叠起来捂住口鼻，无水时，干毛巾也可。身边如没有毛巾，餐巾布、口罩、衣服也可以代替。要多叠几层，使滤烟面积增大，将口鼻捂严。穿越烟雾区时，即使感到呼吸困难，也不能将毛巾从口鼻上拿开。

通道疏散法

楼房着火时，应根据火势情况，优先选用最便捷、最安全的通道和疏散设施，如疏散楼梯、消防电梯、室外疏散楼梯等。从浓烟弥漫的建筑物通道向外

121

逃生，可向头部、身上浇些凉水，用湿衣服、湿床单、湿毛毯等将身体裹好，要低姿势行进或匍匐爬行，穿过险区。如无其他救生器材时，可考虑利用建筑的窗户、阳台、屋顶、避雷线、落水管等脱险。如1993年2月14日，唐山市林西南路百货大楼发生特大火灾，死80人，伤53人，而有位女士却死里逃生。着火时她正在三楼购物，混乱中她趴在地板上，顺着楼梯爬到二楼，从窗户跳出，才得以幸存。

绳索滑行法

当各通道全部被浓烟烈火封锁时，可利用结实的绳子，或将窗帘、床单、被褥等撕成条，拧成绳，用水沾湿，然后将其拴在牢固的暖气管道、窗框、床架上，被困人员逐个顺绳索沿墙缓慢滑到地面或下到未着火的楼层而脱离险境。

在此过程中要注意手脚并用（脚成绞状夹紧绳，双手一上一下交替往下爬），并尽量采用手套、毛巾保护好，防止顺势滑下时脱手或将手磨破。

低层跳离法

如果被火困在二层楼内，若无条件采取其他自救方法并得不到救助，在烟火威胁、万不得已的情况下，也可以跳楼逃生。但在跳楼之前，应先向地面扔些棉被、枕头、床垫、大衣等柔软物品，以便"软着陆"。然后用手扒住窗台，身体下垂，头上脚下，自然下滑，以缩小跳落高度，并使双脚首先落在柔软物上。如果被烟火围困在三层以上的高层内，千万不要急于跳楼，因为距地面太高，往下跳时容易造成重伤或死亡。只要有一线生机，就不要冒险跳楼。

借助器材法

人们处在火灾中，生命危在旦夕，不到最后一刻，谁也不会放弃生命，一定要竭尽所能设法逃生。逃生和救人的器材设施种类较多，通常使用的有缓降器、救生袋、救生网、救生气垫、救生软梯、救生滑竿、救生滑台、导向绳、救生舷梯等，如果能充分利用这些器材和设施，就可以从火"口"脱险。

管线下滑法

当建筑外墙或阳台边上有落水管、电线杆、避雷针引线等竖直管线时，可借助其下滑至地面，同时应注意一次下滑的人数不宜过多，以防逃生途中因管线损坏而致人坠落。

竹竿插地法

将结实的竹竿、晾衣竿直接从阳台或窗口斜插到室外地面或下一层平台，两头固定好以后顺竿滑下。

暂时避难法

在无路可逃生的情况下，应积极寻找暂时的避难处所，以保护自己，择机而逃。如果在综合性多功能大型建筑物内，可利用设在电梯、走廊末端以及卫生间附近的避难间，躲避烟火的危害。如果处在没有避难间的建筑里，被困人员应创造避难场所与烈火搏斗，求得生存。首先，应关紧迎火的门窗，打开背火的门窗，但不要打碎玻璃，窗外有烟进来时，要赶紧把窗子关上。如门窗缝或其他孔洞有烟进来时，要用毛巾、床单等物品堵住，或挂上湿棉被、湿毛毯、湿床袋等难燃物品，并不断向迎火的门窗及遮挡物上洒水，最后淋湿房间内一切可燃物，一直坚持到火熄灭。另外，在被困时，要主动与外界联系，以便及

早获救。如房间有电话、对讲机，要及时报警。如没有这些通信设备，白天可用各色的旗子或衣物摇晃，向外投掷物品；夜间可摇晃点着的打火机，划火柴，打开电灯、手电向外报警求援，直到消防队来救助脱险或在能疏散的情况下择机逃生。在逃生过程中如果有可能应及时关闭防火门、防火卷帘门等防火分隔物，启动通风和排烟系统，以便赢得逃生的最佳时机。

如在家中或旅馆，当实在无路可逃时，可利用卫生间进行避难。用毛巾塞紧门缝，把水泼在地上降温，也可躺在放满水的浴缸里躲避。但千万不可钻到床底、阁楼、大橱等处避难，因为这些地方可燃物多且容易聚集烟气。

标志引导法

在公共场所的墙面上、顶棚上、门顶处、转弯处，要设置"太平门""紧急出口""安全通道""火警电话"以及逃生方向箭头、事故照明灯等消防标志和事故照明标志。被困人员看到这些标志时，马上就可以确定自己的行为，按照标志指示的方向有秩序地撤离逃生，以解"燃眉之急"。

利人利己法

在众多被困人员逃生过程中，极易出现拥挤、聚堆，甚至倾轧践踏的现象，造成通道堵塞和不必要的人员伤亡。相互拥挤、践踏，既不利于自己逃生，也不利于他人逃生。如1994年11月27日13时28分，辽宁省阜新市发生了震惊全国的特大火灾。在一幢单层的艺苑歌舞厅，有233人丧生，就与被困人员拥挤、踩压有关。歌舞厅仅有一个0.83米宽的小门，且有5个台阶，发现着火时，所有舞池中的人立即拥向小门逃生。一人跌倒还未爬起，后面接踵而至的人便被绊倒，呼啦一下子，逃生者就人叠人地堵住了小门。灾后发现，死者呈扇形拥在门口处，尸体叠了9层，约有1.5米高，其景惨不忍睹。因此，在逃生过程中如看见前面的人倒下去了，应立即扶起，对拥挤的人应给予疏导或选择其他疏散方法予以分流，减轻单一疏散通道的压力，竭尽全力保持疏散通道畅通，以最大限度减少人员伤亡。

楼梯转移法

当火势自下而上迅速蔓延而将楼梯封死时，住在上部楼层的居民可通过老虎窗、天窗等迅速爬到屋顶，转移到另一人家或另一单元的楼梯进行疏散。

攀爬避火法

通过攀爬至阳台、窗台的外沿及建筑周围的脚手架、雨篷等凸出物以躲避火势。

搭"桥"过渡法

可在阳台、窗台、屋顶平台处用木板、竹竿等较坚固的物体搭住相邻单元或相邻建筑，以此作为跳板转移到相对安全的区域。

火场逃生须知

树立正确的逃生观念

（1）一旦发现火灾已失去控制后要马上进行逃生，切勿恋战久留以致延误了逃生时机。

（2）逃生前应保持清醒的头脑，千万不要惊慌失措，宁可用几秒钟的时间考虑一下自己的处境及火势情况，再尽快采取正确的措施。

（3）不要因顾及自家财物而延误逃生时机，早一秒钟就多一分安全。

（4）逃出火场后不要为抢救家中的财物而冒险返回火场，以免再入"虎口"。

选择恰当的逃生路线

（1）火灾初期应尽快从楼梯间疏散，特别对于住在高层建筑的居民而言，防烟楼梯间和封闭楼梯间是最好的逃生通道，因为这里有良好的防火隔烟设施，不易受到火灾的威胁。

（2）火场中切勿乘坐电梯逃生，因为电梯井容易侵入、聚集烟气，且电梯一旦断电就等于断了逃生之路。

（3）应沿着楼梯、走道上的疏散指示标志和安全出口标志逃生。

（4）当发现楼梯内侵入大量烟气而无法下楼时，可通过走廊、屋顶平台逃到另外的疏散通道，并迅速逃生。

火场逃生的忌讳事项

据有关资料显示，发生火灾时，燃烧产生的有害气体、高温及烟气是逃生人员致命的杀手。当置身于商场、宾馆、歌舞厅及网吧等公共聚集场所，火魔突然降临身边时，在采取正确逃生方法的同时，切忌自己的一些盲目行为，它可能会影响你逃离火场的时间甚至威胁到你的生命。

忌惊慌失措

当所处的环境突然发生火灾时，一定要保持镇定，切不可惊慌失措，乱作一团，盲目地起身逃跑或纵身跳楼。要了解自己所处的环境位置，及时掌握当时火势的大小和蔓延方向，然后根据情况选择逃生方法和逃生路线。

忌盲目呼喊

由于现代建筑物室内使用了大量的木材、塑料、化学纤维等易燃可燃材料装修，且装修材料表面常用漆类粉刷，燃烧时会散发出大量的烟雾和有毒气体，容易造成毒气窒息死亡。所以，在逃生时，可用湿毛巾折叠，捂住鼻口，屏住呼吸，起到过滤烟雾的作用，不到紧急时刻不要大声呼叫或移开毛巾，且需采取匍匐式前进逃离方式（贴近地面的空气中一般多氧气少烟雾）。

忌贪恋财物

逃生时不要为穿衣服或寻找贵重物品而浪费时间，也不要为带走自己的物品而身负重压影响逃离速度，更不要贪财，已逃离后又重返火海。

忌乱开门窗

在避难时，千万不要轻易打开门窗，如果避难间充满烟雾，无法避难时，可打开着火一侧门窗，排放烟雾后，应立即重新关闭好，否则，大量浓烟涌入室内，能见度降低，温度过高，将无法藏身。

忌乘坐电梯

不要随意乘坐电梯。因为一旦着火，电梯就会断电，很有可能将逃生者困在电梯内无法逃生。

忌随意奔跑

火场上千万不可随意奔跑，否则不仅容易引火烧身，而且还会引起新的燃烧点，造成火势蔓延。如果身上着火应及时脱去衣服或就地打滚进行灭火，也可向身上浇水，用湿棉被、湿衣物等把身上的火包起来，使火熄灭。

忌方向错误

应从高处向低处逃生，逃生时应从高楼层处向低楼层处逃生，因为火势是向上燃烧的，火焰会自下而上地烧到楼顶。经过装修的楼层火灾向上的蔓延速度一般比人向上逃生的速度还快，还未跑到楼顶时，火势已发展到楼顶，因此火焰会始终围着逃生者。如不得已可就近逃到楼顶，同时要站在楼顶的上风方向。

忌轻易跳楼

如果火灾突破避难间，在无法避难的情况下，也不要轻易做出跳楼的决定，此时可扒住阳台或从窗台翻出窗外，以求绝处逢生。

平时应留意的几个问题

（1）安装防盗门窗时，千万不要把自己的逃生之路封死。防盗窗应有活络档，防盗门应由内向外开启，应采用插入式。避免火灾断电失去照明时因找不到钥匙，或钥匙插不进锁心，而贻误逃生时间的情况发生。

（2）走进商场、电影院、卡拉OK、舞厅等公共场所时，请别忘了观察安全出口和疏散通道的位置，多长一个心眼，就多了一线生机。

（3）家居生活、差旅住宿，要熟悉一下周围环境，记牢安全出口和消防设施的位置，当意外发生时可随机应变，迅速逃生。

（4）晚上睡觉前，不妨在床头柜上备一条湿毛巾、一只手电筒、一根安全绳、一只灭火器及一串房门钥匙，也许它们能在关键时候救你一命。

第 四 章
火灾发生时如何应对、扑救

应对火灾的方法

　　分析近年来火灾发生的原因，违反安全操作规程和违章用火、用电、用气引起的火灾占七成以上；从火灾伤亡情况看，有很多人是因不懂火灾自救逃生常识而丧生或盲目逃生而致残。2004 年国家统计局在全国范围内开展的国民消防安全素质调查显示，接受调查的近 3 万名城乡居民中，有 80% 以上的人没有接受过消防知识教育，70% 以上的人不关注人员密集场所的安全出口、消防设施位置，46.3% 的人没有火场逃生常识，35.3% 的人没有扑救家庭初起火灾的能力，12% 的人不知道火警电话。在接受调查的 8400 名学生中，近 50% 的学生有过玩火的经历，49.3% 的学生未在学校接受过消防安全知识学习或消防演习。这些问题，反映了加强对公民的消防安全宣传教育的重要性、迫切性。

迅速报警

　　人身安全和财产安全是受火灾直接危害的两个方面，《消防法》将"人身"安全写在了第一位，以法律的形式体现了人的生命健康安全最为宝贵。2006 年3 月，中共中央政治局进行第 30 次集体学习，胡锦涛总书记强调："人的生命是最宝贵的，我国是社会主义国家，我们的发展不能以牺牲精神文明为代价，不能以牺牲生态环境为代价，更不能以牺牲人的生命为代价。"这就要求消防工作中，必须贯彻落实科学发展观，践行"以人为本"的思想，在火灾预防上要把保护公民人身安全放在第一位，在火灾扑救中要坚持救人第一的指导思想，切实实现好、维护好、发展好最广大人民的根本利益，保障社会主义和谐社会的建设。

应向哪些人报警

（1）向周围的人员发出火灾警报，召集他们前来参加扑救或疏散物资。

（2）向受火灾威胁的人员发出警报，要他们迅速疏散。

（3）如有专职、义务消防队的单位（地区），应迅速向他们报警。

（4）向公安消防队报警（即使失火单位有专职消防队，也应向公安消防队报警，不可等本单位扑救不了时再向公安消防队报警，那会延误灭火时机）。

（5）向单位值班领导和消防控制中心报警。

迅速报警的重要性

火灾的危害十分严重，一经发生往往给国家和人民生命财产造成重大损失，在和平年代里，火灾是一种严重的灾害。《消防法》第 44 条规定，任何人发现火灾都应当立即报警。任何单位、个人都应当无偿为报警提供便利，不得阻拦报警。严禁谎报火警。

发现火情及时报警，是法律赋予我们每一个公民的义务，利国利民。因此在火灾发生时，及时报警是及时扑灭火灾的前提，对于迅速扑救火灾、减少火灾损失具有重要的作用，所以一旦失火，要立即报警，报警越早，损失越小。

从发生的火灾案例看，有些火灾就因为延误了报警，致使错过了扑救火灾的最佳时机，因此，每一个公民都应掌握正确的报警方法。

火灾现场是一个千变万化，有着强烈刺激的特殊环境，早一分钟报警，专业消防队就会早一分钟来到现场，快速进行扑救工作。

报警知识

报警既是公民的权利，也是每一个公民的基本义务。

（1）要牢记火警电话"119"，消防队救火不收费。我国以 119 为全国的火灾报警电话，在实施了"三台合一"（110，112，119）的地区，也可以直接拨打 110。

（2）接通电话后要沉着冷静，向接警中心讲清失火单位的名称、地址、什么物质着火、火势大小以及着火的范围。同时还要注意听清对方提出的问题，以便正确回答。

（3）把自己的电话号码和姓名告诉对方，以便联系。

（4）打完电话后，要立即到交叉路口等候消防车的到来，以便引导消防车迅速赶到火灾现场。

（5）迅速组织人员疏通消防车道，清除障碍物，使消防车到达火场后能立即进入最佳位置灭火救援。

（6）如果着火地区发生了新的变化，要及时报告消防队，使他们能及时改变灭火战术，取得最佳效果。

（7）在没有电话或没有消防队的地方，如农村和边远地区，可采用敲锣、吹哨、喊话等方式向四周报警，动员乡邻来灭火。

灭火工具的使用

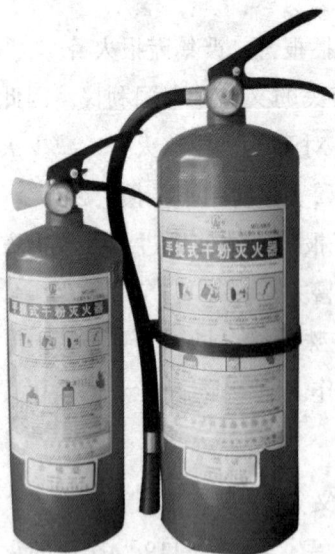

1. 小型家用灭火器

拿起灭火器，拉去保险插销，对准火焰根部后压下压把，喷射出的药雾即可将火扑灭。

2. 消火栓

从消火栓箱内取下水枪、水带，将水带两端分别与栓口和水枪底座扣接，打开阀门后将水枪对准起火部位射水。

3. 消防水喉

从消火栓箱内取出消防水喉，打开阀门后直接将水枪对准起火部位射水。

4. 就地取材

一般物质如布、木、纸等起火，可用面盆、水桶盛水浇灭；电器火灾可用棉被、毛毯浸水后覆盖；油类物质可用沙土覆盖灭火。

灭火的基本方法

从消防理论上讲，灭火的基本方法就是根据起火物质燃烧的状态，为破坏燃烧必须具备的条件而采取的一些措施。归纳起来讲，灭火的基本方法有4种，即冷却法、隔离法、窒息法和抑制法。

冷却法灭火

对一般可燃物来说，能够持续燃烧的条件之一就是它们在火焰或热的作用下达到了各自的着火温度。因此，对一般可燃物火灾，将可燃物冷却到其燃点或闪点以下，燃烧反应就会中止。水的灭火机理主要是冷却作用。

窒息法灭火

各种可燃物的燃烧都必须在其最低氧气浓度以上，否则燃烧不能持续进行。

因此，通过降低燃烧物周围的氧气浓度可以起到灭火的作用。通常使用的二氧化碳、氮气、水蒸气等的灭火机理主要是窒息作用。

隔离法灭火

把可燃物与引火源或氧气隔离开来，燃烧反应就会自动中止。火灾中，关闭有关阀门，切断流向着火区的可燃气体和液体的通道；打开有关阀门，使已经发生燃烧的容器或受到火势威胁的容器中的液体可燃物通过管道输送至安全区域，都是隔离灭火的措施。

抑制法灭火

使灭火剂与链式反应的中间体自由基发生反应，从而使燃烧的链反应中断使燃烧不能持续进行。常用的干粉灭火剂、卤代烷灭火剂的主要灭火机理就是化学抑制作用。

不宜用水扑救的火灾

电器火灾

电器发生火灾时，首先要切断电源。在无法断电的情况下，千万不能用水和泡沫扑救，因为水和泡沫都能导电。应选用二氧化碳、1211、干粉灭火器或者干沙土进行扑救，而且要与电器设备和电线保持 2 米以上的距离。

油锅起火

油锅起火时，千万不能用水浇。因为水遇到热油会形成"炸锅"，使油火到处飞溅。扑救方法是，迅速将切好的冷菜沿边倒入锅内，火就自动熄灭了。另一种方法是，用锅盖或能遮住油锅的大块湿布，遮盖到起火的油锅上，使燃烧的油火接触不到空气缺氧窒息。

燃料油、油漆起火

家中储存的燃料油或油漆起火千万不能用水浇，应用泡沫、1211、干粉灭火器或沙土进行扑救。

电脑着火

电脑着火应马上拔下电源，使用干粉或二氧化碳灭火器扑救。如果发现及时，也可以拔下电源后迅速用湿地毯或棉被等覆盖电脑，千万不要向失火电脑泼水。因为温度突然下降，也会使电脑发生爆炸。

化学品或危险物品起火

在学校实验室常存有一定量的硫酸、硝酸、盐酸、碱金属、易燃金属等，这些物品遇水后极易发生反应或燃烧，是绝不能用水扑救的。

身上衣物着火的灭火方法

（1）当身上套着几件衣服时，火一下是烧不到皮肤的，应将着火的外衣迅速脱下来。有纽扣的衣服可用双手抓住左右衣襟猛力撕扯将衣服脱下；如果穿的是拉链衫，则要迅速拉开拉锁将衣服脱下。一定要采取可能做到的最快的方法。脱下的着火的衣服不要向易燃品上丢。

（2）身上如果穿的是单衣，应迅速趴在地上；背后衣服着火时，应躺在地上；衣服前后都着火时，则应在地上来回滚动，利用身体隔绝空气，覆盖火焰，窒息灭火。在地上滚动的速度不能快，否则火不容易压灭。

（3）在家里，使用被褥、毯子或麻袋等物灭火，效果既好又及时，只要将其打开后遮盖在身上，然后迅速趴在地上，火焰便会立刻熄灭；如果旁边正好有水，也可用水浇。

（4）在野外，如果附近有河流、池塘，可迅速跳入浅水中；但若人体已被烧伤，而且创面皮肤已烧破时，则最好不要跳入水中，更不能用灭火器直接往人体上喷射，因为这样做很容易使烧伤的创面感染细菌。

主要扑救方法

1. 电器着火

首先应关闭电源开关，然后用干粉或气体灭火器、湿毛毯等将火扑灭，切不可直接用水扑救；电视机着火时应从侧面扑救。

2. 油锅着火

可直接盖上锅盖，使火焰窒息熄灭，切勿用水浇油火扑救。

3. 煤气、液化气灶着火

首先关闭进气阀门，然后用湿布、湿围裙或湿毛毯压住火苗，并迅速移开气瓶、油瓶等易燃易爆物，最后还应通知有关单位修理。

4. 衣服、织物及小件家具着火

可迅速将着火物拿到室外或卫生间等较为安全的地方用水浇灭，不要在家里乱扑乱打，以免将其他可燃物引燃。

5. 固定家具着火

先用水盆接水扑救，如火势得不到控制，则利用楼梯间或走道上的消火栓

进行扑救，同时迅速挪开固定家具旁边的可燃物质。

6. 汽油、煤油、酒精等易燃物质着火

切勿用水浇，只能用灭火器、细沙、湿毛毯等扑救。

7. 身上衣物着火

可就地打滚压灭身上的火苗，千万不要胡乱奔跑。

8. 电线冒火花

不可盲目靠近，以防发生触电事故，应先关闭电源总开关或通知供电部门断电后再进行扑救。

9. 密闭房间内着火

扑救房间内火灾时不要急于开启门窗，以防止新鲜空气进入后加大火势。

初起火灾扑救

火灾初起阶段，一般燃烧面积小，火势较弱，在场人员如能采取正确的方法，就能迅速将火扑灭。以砖木结构火灾为例，起火后 15 分钟燃烧面积大约达到 215 平方米，需要 2 辆消防车，出 4 支水枪才能控制火势。而刚刚起火时，也许一盆水就能将火扑灭。因此，要力争将火灾扑灭在初期阶段，这样能取得很好的灭火效果。

初起阶段火灾特点

（1）一般建筑起火时间在 10 分钟以内，发现早，报警及时（气体、油类、炸药等爆炸起火除外）。

（2）燃烧面积小，一般只是室内一角，建筑物内一间或局部在燃烧。

（3）火焰没有突破墙板、顶棚等建筑结构，在室外还看不见火光，只见烟雾从窗洞中涌出。

（4）温度低、辐射热不强，在火场上没有灼热感。

初起火灾扑救的方法

对付初起火灾，在场群众和先到场的义务消防队应立即使用现有的灭火工具将火迅速扑灭，一般可供使用的灭火工具有灭火器、消火栓、消防水袋等。

（1）任何单位和个人发现火灾时，无论自家或邻居起火，都应立即报警并积极进行扑救。及时准确地报警，可以使群众和消防队迅速赶到，及早扑灭火灾。经验告诉我们：报警早，损失小。不管火势大小，只要发现起火，就应当立即报警，即使自己认为有足够大的能力将火扑灭，也应当向公安消防部门报警，以防不测。火灾发生时，除了及时向公安机关报警外，还要向周围群众和邻居报警，并通知单位领导和有关部门，以便争取时间投入灭火战斗，做好安全疏散工作。

（2）根据火情也可以采取边扑救边报警的方法。但绝不能只顾灭火或抢救物品而忘记报警，贻误战机，使本来能及时扑灭的小火酿成大灾，也不能只沉醉于灭火和抢救财物而丧失逃生的大好时机，尤其是儿童单独一人在家时，更要注意，发生火灾时应立即逃生并报警。

（3）人被围困的情况下，要首先救人。救人时要重点抢救老人、儿童和受火势威胁最大的人。如果不能确定火场内是否有人，应尽快查明，切不可掉以轻心。自己家起火或火从外部烧来时，也要根据火势情况，组织家庭成员及时疏散到安全地点。

（4）要采用先控制后消灭的灭火方法。发现火灾后，使用现有的灭火工具在火势蔓延的主要方向，对火势实施有效的控制，防止蔓延扩大。对于小火，当场就应该在控制的同时一举扑灭。不同的火灾，有不同的控制方法。一是直接控制火势，防止灾情扩大；二是间接控制火势，如对燃烧的和临近的储罐进行冷却，防止罐体变形或爆炸，防止飞火，排除或防止爆炸物等。然后，在控制火势的同时，集中力量将火源扑灭。先控制，后消灭，二者是紧密相连的，不能分开。前者是扑灭火灾减少损失的有效手段，后者是前者的继续和发展。

（5）发现封闭的房间内起火，不要随便打开门窗，以防止新鲜空气进入，扩大燃烧。要先在外部察看火势情况。如果火势很小或只见烟不见火光，用水桶、脸盆等准备好灭火用水，迅速进入室内将火灾扑灭。如果火已烧大，就要呼喊邻居，共同做好灭火准备工作后，再打开门窗，进入室内灭火。

（6）发生火灾时不要随便开启门窗，是因为房间门窗紧闭时，空气不流畅，室内供氧不足，因此，火势发展缓慢，一旦门窗被打开，涌入大量新鲜空气，火势迅速发展，同时大量烟气涌入，容易使人中毒、窒息而死亡。同时，由于空气的对流作用，火焰就会向外蹿出。所以在发生火灾时，不能随便开启门窗。

（7）室内起火后，如果火势一时难以控制，要先将室内的液化气罐和汽油等易燃易爆危险品抢出。

（8）在人员撤离房间的同时，不可以因为寻钱救物而贻误疏散良机，更不能重新返回着火房间去抢救物品。

（9）电气设备发生火灾，要立即切断电源，然后用干粉灭火器、二氧化碳灭火器、1211灭火器等进行扑救，或用湿棉被、帆布等将火扑灭。用水和泡沫扑救一定要在断电情况下进行，防止因水导电而造成触电伤亡事故。

（10）厨房着火，最常见的是油锅起火。起火时，要立即用锅盖盖住油锅将火扑灭，切不可猛浇一瓢冷水下去或用手去端锅，防止造成热油爆溅、灼烫伤人和扩大火势。如果油火撒在灶具上或者地面上，可使用手提式灭火器扑救，或用湿棉被、湿毛毯等捂盖灭火。

（11）家用液化气罐着火时，灭火的关键是切断气源。无论是罐的胶管还是角阀口漏气起火，只要将角阀关闭，火焰就会很快熄灭。如果阀口火焰较大，可以用湿毛巾、抹布等猛力抽打火焰根部，或抓一把干粉灭火剂撒向火焰，均可以将火扑灭，然后关紧阀门。如果阀门过热，可以用湿毛巾、肥皂、黄泥等将漏气处堵住，把液化气罐迅速搬到室外空旷处，让它泄掉余气或交有关部门处理，但此时一定要做好监护，杜绝火源存在。

（12）家用电器着火后的扑救方法。如果电脑着火，即使关掉机子，拔下插头，机内的元件仍然很热，仍迸出烈焰并产生毒气，荧光屏、显像管也可能爆炸，应对的方法是：电脑开始冒烟或起火时，马上拔掉插头或关掉总开关，然后用湿地毯或棉被等盖住电脑，这样既能阻止烟火蔓延，也可挡住荧光屏的玻璃碎片。切勿向失火电脑泼水，即使已关掉的电脑也是这样，电脑内仍有剩余电流，泼水可能引起触电。切勿揭起覆盖物观看。

防止"死灰"复燃

"死灰"是指燃烧后剩下的灰，如燃烧过的草木灰、煤灰等，从表面上看没有光亮，好像灭了，实际并没有全部熄灭。因为可燃物质被加热后，迫使物质中的分子和原子运动加剧，分子间互相碰撞产生热量，随着温度升高，分子和原子激发向外辐射电磁波。随着温度升高，辐射强度增加，由长波段转变为短波段。反之，温度降低，辐射强度也随之降低。当物质达到着火点时，人眼能看到的电磁波就是光，当温度在 $500 \sim 1200℃$ 时，辐射暗红色的光，$1200 \sim 1500℃$ 时，辐射蓝、绿、黄、红混合在一起的白光。

因此，从火炉内刚掏出的灰烬，表面上不发光，但还有很高的温度，经过风一吹，没有燃尽的物质，得到充足的空气后又会继续燃烧起来，容易引燃附近的可燃物，酿成火灾。所以，刚从火炉掏出的炉灰要用水浇灭或倒入桶内，防止"死灰"复燃。

家庭火灾扑救

家庭如果发生火灾，除立即向消防部门报警外，还应采取应对初期火灾的紧急措施，设法扑灭。

（1）用喷雾水灭火。可燃气体因管道阀门、接口的气体发生跑、冒、滴、漏，遇到明火着火时，要立即用水或使用小型喷雾器，在距离火点约50厘米处，对准火焰底部，用力将水喷出或将喷雾器中的水打出，火苗或火焰就会立即被熄灭。以上方法对家储少量的汽油、酒精、香蕉水等易燃液体的着火同样奏效。另外，也适用于扑灭固体物品（如窗帘、地毯、衣服、纸张等）的着火；但是，对带电物体（如电视机、收录机、电暖气、电褥子等）着火，要做到先断电、后灭火。

（2）用沙压盖灭火。这种方法适用于扑救浅液面着火。压沙厚度一般为0.5~3厘米。用湿棉被等将火捂灭的方法适用于扑救易燃或可燃液体、气体的着火。如沼气、液化气、汽化油炉等灶具的管道口着火。

（3）使用家用灭火器灭火，适用于扑救各类家庭火灾。

电器火灾灭火方法

（1）立即关机，拔下电源插头或拉下总闸，如果只发现电器打火冒烟，断电后，火就能自行熄灭。

（2）如果是导线绝缘体和电器外壳等可燃材料着火，可用湿棉被等覆盖物封闭灭火。

（3）不得用水扑救电视机火灾，如果火势很旺，并蔓延到家具及周围易燃物，窒息灭火法无效时，也可以用水迅速扑救，以保证其他物资不受损失。但

应注意，用水灭火时，要确保已经切断电源，并且人要站在电视机侧面或后面，不要站在屏幕的正面，以防止显像管爆炸时伤人。

（4）家用电器发生火灾后未经修理不得接通电源使用，以免触电或引起火灾。

（5）有条件的应采用干粉灭火器、二氧化碳、1211 灭火器进行灭火。

注意：

在没有切断电源的情况下，千万不能用水或泡沫灭火剂扑灭电器火灾，否则，扑救人员随时都有触电的危险。

厨房火灾的灭火方法

日常生活中，煎、炒、烹、炸是少不了的，在做饭中因不慎引起的火灾时常发生。那么，怎样才能有效及时地扑灭厨房中意外发生的火灾呢？在这里介绍几种简便易行的方法。

（1）蔬菜灭火法。当油锅因温度过高，引起油面起火时，可将备炒的蔬菜及时投入锅内，锅内油火就会随之熄灭。使用这种方法，要防止烫伤或油火溅出。

（2）锅盖方法。当油锅火焰不大，油面上又没有油炸的食品时，可用锅盖将锅盖紧，然后熄灭炉火，稍等一会儿，火就会自行熄灭。这是一种较为理想的窒息灭火方法。

一定要注意的是，油锅起火，千万不能用水进行灭火，水遇油会将油溅至锅外，使火势蔓延。

（3）杯盖灭火法。酒精火锅在加酒精时突然燃烧起来，并会燃着装酒精的容器，这时不能慌，千万不能把容器摔出去，应立即盖死或捂死容器口，使其窒息灭火。如果丢出去，酒精流到哪里，火就会烧到哪里。灭火时不要用嘴去吹，可用茶杯或小碗盖在酒精盘上。

（4）湿布灭火法。如果家庭厨房起火，初起火势不大，这时可以用湿毛巾、湿围裙、湿抹布等，直接将火苗盖住，将火"闷死"。

（5）食盐灭火法。食盐的主要成分是氯化钠，在高温火源下，会迅速分解为氢氧化钠，通过化学作用，抑制燃烧环节的自由基。家庭使用的颗粒盐或细盐均是厨房火灾和固体阴燃火灾的灭火剂，食盐在高温下吸热快，能破坏火苗的形态，稀释燃烧区的氧气浓度，所以能使火很快熄灭。

（6）干粉灭火法。平时厨房中准备一小袋干粉灭火剂，放在便于取用的地方，一旦煤气或液化石油气的开关处漏气起火时，可迅速抓起一把干粉灭火剂，对准起火点用力投放，火就会随之熄灭。这时，应及时关闭总开关。除气源开关外，其他部位漏气或起火，应立即关闭总开关阀，火就会自动熄灭。

液化气灶具漏气着火时应该如何处置

在家庭使用液化气灶具时，一旦漏气着火，要迅速拧紧钢瓶角阀上的手轮，断绝气源。由于液化气燃烧产生的温度很高，用户在关闭角阀时，一定要戴上湿过水的布手套，或用湿围裙、毛巾、抹布包住手臂，防止被火烧伤。如果家中备有灭火器，先把火扑灭，再拧紧钢瓶角阀手轮就更加安全了。关闭阀门的速度一定要快，否则超过 3 ~ 5 分钟，钢瓶角阀内的尼龙垫、橡胶垫圈和用于密

封接头的环氧树脂黏合剂就会被高温熔化，以致阀门失去密封作用，使液化气大量外泄，火势会烧得更旺。

　　如果遇到角阀漏气着火，阀门已被烧坏、无法关闭时，应想方设法把钢瓶弄到屋外空旷的地面上，让它站立着燃烧，只要不碰倒钢瓶，它是不会爆炸的。此刻当然不要忘了向消防队报警。

第五章

必备消防知识

消防安全标志

消防安全标志是由安全色、边框、以图像为主要特征的图形符号或文字构成的，用以表达与消防有关的安全信息和说明建筑配备各种消防设备、设施，提醒人们消防安全行为，并引导人们在发生事故时采取合理、正确行动的标志。为了保证消防安全，在建筑物内和建筑施工的工地上，需要设置配套完整的消防安全标志。

国内外实际应用表明，在疏散走道和主要疏散路线的地面上或靠近地面的墙上设置发光疏散指示标志，对安全疏散起到很好的作用，可以更有效地帮助人们在浓烟弥漫的情况下，及时识别疏散位置和方向，迅速沿发光疏散指示标志顺利疏散。在平时，消防安全标志可以提醒人们预防火灾、制止隐患；在紧急情况下，消防安全标志有助于疏散和逃生。

总结以往的火灾事故，往往是在发生事故的初期，人们看不到消防安全标志、找不到消防设施，而不能采取正确的疏散和灭火措施，从而造成大量的人员伤亡。

消防安全标志的设置

消防安全标志的应用领域要尽可能地达到需要或者应该设置的一切场所，向公众表明相应防火信息。

消防安全标志设置总的要求是，建筑配备各种消防设备、设施，都要有标志安装在合适、醒目的位置上。

设置原则

（1）商场（店）、影剧院、娱乐厅、体育馆、医院、饭店、旅馆、高层公寓和候车（船、机）室大厅等人员密集的公共场所的紧急出口、疏散通道处、层间异位的楼梯间（如避难层的楼梯间）、大型公共建筑常用的光电感应自动门或360°旋转门旁设置的一般平开疏散门，必须相应地设置"紧急出口"标志。在远离紧急出口的地方，应将"紧急出口"标志与"疏散通道方向"标志联合设置，箭头必须指向通往紧急出口的方向。

（2）紧急出口或疏散通道中的单向门必须在门上设置"推开"标志，在其反面应设置"拉开"标志。

（3）紧急出口或疏散通道中的门上应设置"禁止锁闭"标志。

（4）疏散通道或消防车道的醒目处应设置"禁止阻塞"标志。

151

（5）滑动门上应设置"滑动开门"标志，标志中的箭头方向必须与门的开启方向一致。

（6）需要击碎玻璃板才能拿到钥匙或开门工具的地方或疏散中需要打开板面才能制造一个出口的地方必须设置"击碎板面"标志。

击碎板面

（7）各类建筑中的隐蔽式消防设备存放地点应相应地设置"灭火设备""灭火器"和"消防水带"等标志。室外消防梯和自行保管的消防梯存放点应设置"消防梯"标志。远离消防设备存放地点的地方应将灭火设备标志与方向辅助标志联合设置。

（8）手动火灾报警按钮和固定灭火系统的手动启动器等装置附近必须设置"消防手动启动器"标志。在远离装置的地方，应与方向辅助标志联合设置。

（9）设有火灾报警器或火灾事故广播喇叭的地方应相应地设置"发声警报器"标志。

消 防 梯
Frie Hose

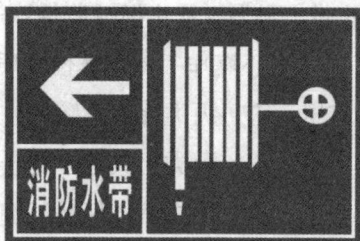

（10）设有火灾报警电话的地方应设置"火警电话"标志。对于没有公用电话的地方（如电话亭），也可设置"火警电话"标志。

（11）设有地下消火栓、消防水泵接合器和不易被看到的地上消火栓等消防器具的地方，应设置"地下消火栓""地上消火栓"和"消防水泵接合器"等标志。

（12）在下列区域应相应地设置"禁止烟火""禁止吸烟""禁止放易燃物""禁止带火种""禁止燃放鞭炮""当心火灾——易燃物""当心火灾——氧化物"和"当心爆炸——爆炸性物质"等标志：

①具有甲、乙、丙类火灾危险的生产厂区、厂房等的入口处或防火区内。

②具有甲、乙、丙类火灾危险的仓库的入口处或防火区内。

③具有甲、乙、丙类液体储罐、堆场等的防火区内。

④可燃、助燃气体储罐或罐区与建筑物、堆场的防火区内。

⑤民用建筑中燃油、燃气锅炉房，油浸变压器室，存放、使用化学易燃、易爆物品的商店、作坊、储藏间内及其附近。

⑥甲、乙、丙类液体及其他化学危险物品的运输工具上。

⑦森林和矿山等防火区内。

禁止吸烟　　禁止放易燃物　　禁止烟火

禁止燃放鞭炮　　禁止带火种　　当心火灾——易燃物质　　禁止用水灭火

（13）存放遇水爆炸的物质或用水灭火会对周围环境产生危险的地方应设置"禁止用水灭火"标志。

（14）在旅馆、饭店、商场（店）、影剧院、医院、图书馆、档案馆（室）、候车（船、机）室大厅、车、船、飞机和其他公共场所，有关部门规定禁止吸烟，应设置"禁止吸烟"等标志。

（15）其他有必要设置消防安全标志的地方。

设置要求

消防安全标志具体设置时，还应注意：

（1）消防安全标志应设在与消防安全有关的醒目位置。标志的正面或其邻近不得有妨碍公共视读的障碍物。

（2）除必须外，标志一般不应设置在门、窗、架等可移动的物体上，也不应设置在经常被其他物体遮挡的地方。

（3）设置消防安全标志时，应避免出现标志内容相互矛盾、重复的现象。尽量用最少的标志把必需的信息表达清楚。

（4）方向辅助标志应设置在公众选择方向的通道处，并按通向目标的最短路线设置。

（5）设置的消防安全标志，应使大多数观察者的观察角度接近90°。

（6）消防安全标志的尺寸由最大观察距离确定。

（7）标志的偏移距离应尽量缩小。对于最大观察距离的观察者，偏移角一般不宜大于5°，最大不应大于15°。如果受条件限制，无法满足该要求，应适当加大标志的尺寸以满足醒目度的要求。

（8）在所有有关照明下，标志的颜色应保持不变。

另外，各种标志不得随意挪为他用，责任部门应按月进行全面普查，保证各种标志的完好性，损坏的要及时更新。

常用灭火剂

灭火剂是能够有效地破坏燃烧条件、中止燃烧的物质。灭火剂的性能各不相同，必须正确地使用到不同的灭火战斗中去，才能迅速扑灭火灾。下面介绍几种常用的灭火剂。

水

水是自然界中分布最广、最廉价的灭火剂。由于水具有较高的比热，因此在灭火中其冷却作用十分明显，其灭火机理主要依靠冷却和窒息作用进行灭火。水的主要缺点是产生水渍损失和污染、不能用于带电设备火灾的扑救。

泡沫灭火剂

　　泡沫灭火剂是通过与水混溶，采用机械或化学反应的方法产生泡沫的灭火剂。一般由化学物质、水解蛋白或表面活性剂和其他添加剂的水溶液组成。泡沫灭火剂的灭火机理主要是冷却、窒息作用，即在着火的燃烧物表面上形成一个连续的泡沫层，通过泡沫本身和析出的混合液对燃烧物表面进行冷却，以及通过泡沫层的覆盖作用使燃烧物与氧隔绝而灭火。泡沫灭火剂的主要缺点是水渍损失和污染、不能用于带电设备火灾的扑救。主要的泡沫灭火剂有蛋白泡沫灭火剂、氟蛋白泡沫灭火剂、轻水泡沫灭火剂、抗溶性泡沫灭火剂和高倍数泡沫灭火剂。按发泡倍数将泡沫灭火剂分为三种：发泡倍数在 20 倍以下的称为低倍数泡沫；在 21～200 倍的称为中倍数泡沫；在 201～1000 倍的称为高倍数泡沫。

干粉灭火剂

　　干粉灭火剂，是一种易于流动的微细固体粉末，由具有灭火效能的无机盐和少量的添加剂经干燥、粉碎、混合而成的微细固体粉末组成。主要是化学抑制和窒息作用灭火。除扑救金属火灾的专用干粉灭火剂外，常用干粉灭火剂一般分为 BC 干粉灭火剂和 ABC 干粉灭火剂两大类，如碳酸氢钠干粉、改性钠盐干粉、磷酸二氢铵干粉、磷酸氢二铵干粉等。干粉灭火剂主要通过在加压气体的作用下喷出的粉雾与火焰接触或混合时发生的物理、化学作用灭火。一是靠干粉中无机盐的挥发性分解物与燃烧过程中燃烧物质所产生的自由基发生化学抑制和负化学催化作用，使燃烧的链式反应中断而灭火；二是靠干粉的粉末落到可燃物表面上，发生化学反应，并在高温作用下形成一层覆盖层，从而隔绝氧窒息灭火。干粉灭火剂的主要缺点是对于精密仪器火灾易造成污染。

二氧化碳灭火剂

二氧化碳是一种气体灭火剂，在自然界中存在也较为广泛，价格低、获取容易。现在国内二氧化碳灭火剂是在灭火器和灭火系统中使用量都较大的气体灭火剂。其灭火主要依靠窒息作用和部分冷却作用。灭火时，二氧化碳气体可以排除空气而包围在燃烧物体的表面或分布于较密闭的空间中，降低可燃物周围或防护空间内的氧浓度，产生窒息作用而灭火。同时二氧化碳从存储容器中喷出时，会迅速气化成气体，从周围吸收热量起到冷却的作用。主要缺点是灭火需要浓度高，会使人员受到窒息危害。

卤代烷灭火剂

卤代烷是具有灭火作用的卤代碳氧化合物，它的灭火原理是抑制灭火法，就是根据游离基连锁反应机理，将有抑制作用的灭火剂喷射到燃烧区，并参加到燃烧反应过程中去，使燃烧反应过程中产生的游离基消失，形成稳定的分子或者低活性的游离基，从而终止燃烧反应。它属于气体灭火剂，适用范围是：可燃气体火灾、液体火灾、可燃固体的表面火灾和电气设备火灾。

因卤代烷灭火剂会破坏大气臭氧层，我国已于 2005 年全面淘汰。现在保有的 1211 灭火器，仅限于在国家指定的必要场所使用。现在已经出现更为先进的七氟丙烷灭火剂代替卤代烷灭火剂。

常用灭火器

　　灭火器是由筒体、器头、喷嘴等部件组成，借助驱动压力可将所充装的灭火剂喷出的器具。由于它的结构简单，操作方便，是扑救初期火灾的常用灭火器材。尤其是手提式和推车式灭火器最为普遍，它的生产厂家多、产品种类多、销量大，因此在各种建筑物内以及各种交通工具上，甚至在不少家庭中都可见到。灭火器的形式有手提式、推车式、舟车式和背负式等，最为常见的是手提式，它是可用手携带的移动式灭火器。灭火器的名称是根据其充装的药剂来命名的，如化学泡沫灭火器、干粉灭火器、二氧化碳灭火器等。

干粉灭火器

　　干粉灭火器是以化学粉剂作为灭火剂的灭火器，包括 BC 干粉灭火器、ABC 干粉灭火器两类。按驱动方式分为储气瓶式和储压式；按移动方式分为手提式和推车式。

　　1. BC 干粉灭火器

　　（1）适用于扑救可燃液体、可燃气体的初起火灾。如石油及其制品、酒精、液化气等。

　　（2）BC 干粉灭火剂有 50kV 以上的电绝缘性能，也能扑救涉及带电设备的初起火灾。

　　（3）适宜配置于储有易燃液体、可燃气体的场所。如加油站、汽车库、变配电房及煤气、液化石油气站等处。

　　2. ABC 干粉灭火器

　　（1）适用于扑救可燃固体有机物质、可燃液体、可燃气体的初起火灾。如

纸张、木竹材料及其制品、纺织材料及其制品、橡塑材料及其制品、石油及其制品、酒精、液化石油气等。

（2）ABC 干粉灭火剂有 50kV 以上的电绝缘性能，也能扑救涉及带电设备的初起火灾。

（3）适宜配置于储有可燃固体有机物质、易燃液体、可燃气体的场所。如仓库、厂房、写字楼、公寓楼、体育场（馆）、影剧院、展览馆、档案馆、图书馆、商场、加油站、汽车库、变配电房及液化石油气、天然气灌装站、换瓶站、调压站等处。

3. 使用方法

（1）使用手提式干粉灭火器时，可将灭火器携带至火场，如在室外使用，应选择在火焰的上风方向，在人可靠近的燃烧物处，拔出灭火器保险销，一手握住喷射软管，一手抓紧压把，开启灭火器喷射灭火剂。如灭火器无喷射软管，可一手托住灭火器的底部，一手抓紧压把，开启灭火器喷射灭火剂，但不要使灭火器横转。需要时可不断地开启或关闭压把，间歇地喷射灭火剂。

（2）使用推车式干粉灭火器时，可将灭火器推（或拉）至火场，在人可靠近的燃烧物处，展开喷射软管，然后一手握住喷射枪，一手拔出保险销，开启器头阀，然后再双手握紧喷射枪，展开喷射软管，开启喷射枪阀喷射灭火剂。需要时可不断地开启或关闭喷射枪阀，间歇地喷射灭火剂。

（3）当用 ABC 干粉灭火器扑救固体可燃物的火灾时，将灭火剂对准燃烧物由近而远喷射，并左右扫射，如条件许可，使用者可提着灭火器沿着燃烧物的四周边走边喷，使灭火剂完全地覆盖在燃烧物上，直至将火焰全部扑灭。

（4）当用干粉灭火器扑救呈流淌燃烧的液体火灾时，应对准火焰根部由近而远，并左右扫射，同时使用者连同灭火器一同快速向前推进，直至把火焰全部扑灭。

（5）当用干粉灭火器扑救在容器内燃烧的可燃液体时，使用者应对准火焰根部左右晃动扫射，使喷射出的干粉覆盖整个容器的开口表面。当火焰被赶至容器的边缘时，使用者仍应继续喷射，直至将火焰全部扑灭。应避免直接对准液面喷射，防止喷流的冲击力使可燃液体溅出而扩大火势，造成灭火困难。如果可燃液体在金属容器中燃烧时间过长，容器的壁温已高于被扑救可燃液体的自燃点，此时极易造成灭火后再复燃的现象，若与泡沫类灭火器联用，则灭火效果更佳。

4. 注意事项

（1）干粉的粉雾对人的呼吸道有刺激作用，甚至有很强的窒息作用，喷射干粉时，被干粉雾罩的区域内，特别是在有限空间内，不得有人、畜停留。

（2）干粉灭火剂有腐蚀性，残存在物件上的干粉应及时清除。

（3）扑救油类火灾时，干粉灭火器的抗复燃性较差。因此，扑灭油类火后，应避免周围存在火种。

（4）BC 干粉灭火器不能扑救固体有机物质的火灾。

5. 维护与保养

（1）灭火器应放置在通风、干燥、阴凉并取用方便的地方，环境温度在 $-20 \sim 55℃$ 为宜。不要受烈日暴晒，或受剧烈震动，且应避免与化学腐蚀物品接触。

（2）定期检查灭火器的封记是否完好。如灭火器的封记损缺或已经开启，就必须按规定要求进行检查和再充装，并重新封记。

（3）储压式灭火器应定期检查压力指示器的指针是否在绿区，如在红区或在黄区应及时查明原因，检修后重新灌装。

（4）灭火器再充装时，不同类型的干粉灭火剂绝对不能换装。

（5）推车式灭火器应定期检查行走机构是否灵活可靠，并及时在转动部分加润滑油。

（6）维护必须由经过培训的专人负责，维修和再充装应送专业维修单位进行。

水基型灭火器

水基型灭火器是以水为灭火剂基料的灭火器，主要有水型灭火器和泡沫灭火器两类。

1. 用途

（1）一般水基型灭火器主要适用扑救可燃固体有机物质的初起火灾，适宜

161

配置于储有可燃固体有机物质的场所。如纸张、木竹材料及其制品、纺织材料及其制品、橡塑材料及其制品的仓库、厂房、写字楼、公寓楼、体育场（馆）、影剧院、展览馆、档案馆、图书馆、商场等处。

（2）对于有些在水中加了添加剂的水基型灭火器，能扑救可燃液体的初起火灾。抗溶性水基型灭火器还具有扑灭水溶性液体燃料火灾的能力，如甲醇、乙醚、丙酮等火灾，适宜配置于储有易燃液体的场所。如加油站、汽车库和实验室等处。

（3）水基型灭火器还可以用于替代非必要场所的 1211 灭火器。

（4）装配特殊喷雾喷嘴的水基型灭火器也适用于扑救涉及带电设备的初起火灾。

2. 使用方法

（1）使用手提式水基型灭火器时，可将灭火器携带至火场，如在室外使用，应选择在火焰的上风方向，在人可靠近的燃烧物处，拔出灭火器保险销，一手握住喷射软管，一手抓紧压把，开启灭火器喷射灭火剂。需要时不断地抓紧或放松压把，可间歇地喷射灭火剂。

（2）使用推车式水基型灭火器时，可将灭火器推（或拉）至火场，在人可靠近的燃烧物处，展开喷射软管，然后，一手握住喷射枪，一手拔出保险销，开启器头阀，再双手握紧喷射枪，展开喷射软管，开启枪阀喷射灭火剂。需要时不断地开启或关闭喷射枪阀，可间歇地喷射灭火剂。灭火时，将灭火剂对准燃烧物由近而远喷射，并左右扫射，使用者推动灭火器快速向前推进，使灭火剂完全覆盖在燃烧物上。

（3）当使用适用于可燃液体的水基型灭火器来扑救容器内的液体火灾时，应将灭火剂对准容器壁喷射，使灭火剂覆盖在燃烧液体的表面，对火焰进行封闭。应避免直接对准液面喷射，防止喷流的冲击使可燃液体溅出而扩大火势，造成灭火困难。

3. 注意事项

（1）应尽量避免蛋白泡沫对燃料表面的冲击作用，减少蛋白泡沫潜入燃料中，影响灭火效果。

（2）对于极性液体燃料（如甲醇、乙醚、丙酮等）火灾，只能使用抗溶性水基型灭火器。

（3）水基型灭火器一般不适用于涉及带电设备的火灾，除非装配特殊喷雾喷嘴，经电绝缘性能试验证实后，才可以应用于涉及带电设备的火灾。

4. 维护与保养

水基型灭火器维护保养方法与干粉灭火器基本相同。

二氧化碳灭火器

二氧化碳灭火器是以二氧化碳气体为灭火剂的灭火器，靠二氧化碳灭火剂的蒸气压力驱动。按移动方式分为手提式灭火器和推车式灭火器两种。

1. 用途

（1）适用于扑救可燃液体、可燃气体的初起火灾。如石油及其制品、酒精、液化石油气等。

（2）具有一定的电绝缘性能，能扑救涉及 600V 以下的带电设备的初起火灾。

（3）最大特点是灭火后不留痕迹，适宜配置于储有易燃液体、可燃气体的实验室，民用的油浸变压器室和高、低配电室等场所。

（4）二氧化碳灭火器还可以用于替代非必要场所的 1211 灭火器。

2. 使用方法

（1）使用手提式二氧化碳灭火器时，可将灭火器携带至火场，在人可靠近的燃烧物处，拔出灭火器保险销，一手握住喇叭筒上部的防静电手柄，一手抓紧压把，开启灭火器。

（2）对没有喷射软管的二氧化碳灭火器，应把与喇叭喷筒相连的金属连接管往上扳动，使喇叭喷筒呈水平状。使用时，不能直接用手抓住喇叭喷筒外壁

或金属连接管，防止手被冻伤。需要时不断地抓紧或放松压把，可间歇地喷射灭火剂。

（3）应设法使二氧化碳集中在燃烧区域以达到灭火浓度。在室外使用时，应选择在上风方向喷射，使灭火剂完全地覆盖在燃烧物上，直至将火焰全部扑灭。

（4）当扑救在容器内燃烧的可燃液体时，应使喷射出的二氧化碳灭火剂笼罩在整个容器的开口表面，但应避免直接冲击液面，防止可燃液体溅出而扩大火势，造成灭火困难。

（5）使用推车式二氧化碳灭火器，一般宜两人操作。使用时由两人一起将灭火器推（或拉）至火场，在人可靠近的燃烧物处，一人快速取下喇叭喷筒并展开喷射软管后，握住喇叭筒上部的防静电手柄，另一人快速拔出保险销，按顺时针方向旋开器头手轮阀，并开到最大位置。灭火方法与手提式灭火器的方法相同。

3. 注意事项

（1）不宜在室外有大风或室内有强劲空气流处使用，否则二氧化碳会快速地被吹散而影响灭火效果。

（2）在狭小的密闭空间使用后，使用者应迅速撤离，否则易窒息。

（3）使用时应注意，不能用手直接握住喇叭喷筒，以防冻伤。

（4）二氧化碳灭火剂喷射时会产生干冰，使用时应考虑其产生的冷凝效应。

（5）二氧化碳灭火器的抗复燃性差。因此，扑灭火后，应避免周围存在火种。

（6）不适宜扑救固体有机物质的火灾。

4. 维护与保养

（1）灭火器应放置在通风、干燥、阴凉并取用方便的地方，环境温度在-20～55℃为好。不要经受烈日暴晒或受剧

烈震动，不得接近火源，且应避免与化学腐蚀物品接触。

（2）定期检查灭火器的封记是否完好。如灭火器的封记损缺或已经开启，就必须按规定要求进行检查或再充装，并重新封记。

（3）每次使用后或每隔五年，应送维修单位进行水压试验。水压试验压力应与钢瓶肩部所打钢印的数值相同。水压试验同时还应对钢瓶的残余变形率进行测定。只有水压试验合格且残余变形率小于6%的钢瓶才能继续使用。

（4）推车式灭火器应定期检查行走机构是否灵活可靠，并及时在转动部分加润滑油。

（5）维护必须由经过培训的专人负责，维修和再充装应送专业维修单位进行。

1211 灭火器

1. 用途

（1）主要用于扑救易燃、可燃液体、气体及涉及带电设备的初起火灾。如石油及其制品、酒精、液化气等。

（2）灭火后不留残余物，不污染被保护物，适宜配置于储有精密仪表、计算机、珍贵文物及贵重物资等的场所。也适宜配置于飞机、汽车、轮船、宾馆、医院等场所。

2. 使用方法

与干粉灭火器相同。

3. 注意事项

（1）不宜在室外有大风或室内有强劲空气流处使用，否则气体会快速地被吹散而影响灭火效果。

（2）大多数气体灭火剂的蒸气及热分解气体都有一定的毒性，如在室内使用后，使用者应迅速撤离。

（3）大多数气体灭火剂喷射时会产生冷凝效应，喷射时应注意预防冻伤。

（4）气体灭火器的抗复燃性差，灭火后应消除周围存在的火种，避免复燃。

4. 维护与保养

维护保养方法与干粉灭火器基本相同。

合理选用灭火剂和灭火方法

扑救火灾时，选用灭火剂不当，就灭不了火；使用灭火剂的方法不当，则灭火效果差，甚至会使火势扩大。常用的灭火剂有水、各类泡沫、干粉、二氧化碳等，要根据燃烧物质的性质，本着经济、有效、安全的原则来选择灭火剂。

（1）水是最常用的灭火剂，但是有些特殊物质引起的火灾不能用水扑救。

①遇水燃烧物质的火灾。例如碱金属（钠、钾、钙、镁等）以及金属氧化物等遇水能反应放热，引起燃烧爆炸。

②熔融的盐类、熔化的铁水、钢水及快要沸溢的原油火灾。因为水融进高温的此类物质会迅速汽化，形成强大的压力而使高热熔融物飞溅出去，扩大火灾的危害。

③易被水破坏而失去使用价值的物质与设备的火灾。如图书、纸张、档案和精密仪器设备等。

④带电设备；储存大量浓硫酸、硝酸、盐酸的场所；汽油、煤油、柴油等；橡胶、褐煤等固体粉状产品的火灾。

（2）应用泡沫灭火时，可用于扑救非水溶性易燃液体火灾以及一般固体物质火灾，例如原油、汽油、煤油、木材、纸张、棉麻等；不能用于扑救水溶性可燃液体火灾、电气设备火灾、金属火灾以及遇水燃烧物质火灾。

抗溶性泡沫适用于扑救水溶性的可燃液体火灾，如醇、醛、酮、酯、醚、有机酸、胺类物质的火灾。抗溶性泡沫也可用于扑救一般油类和固体物质火灾，但因价格较贵，一般不采用。

（3）干粉灭火剂主要用于扑救各种可燃液体、可燃气体火灾，电气设备火灾。

（4）二氧化碳灭火剂适用于扑救固体物质表面火灾、面积不大的可燃液体火灾、电气设备火灾等。二氧化碳尤其适用于扑救一些易被灭火剂污染而失去使用价值的物品火灾，如图书、档案、精密仪器、贵重设备和一些电气设备火灾。

模拟火灾应急演练

演练目的

纵观各类重大特大火灾事故，其发生的重要原因之一是单位缺乏应急方案，人员防火意识薄弱，不懂初期火灾的扑救方法，惊慌失措、处置不力，因此要通过演习使人员绷紧防火之弦，掌握初期火灾扑救的基本方法和步骤，提高临警应变和自防自救的能力，随时准备应付火灾事故。

火情假设及力量组织

根据各单位实际情况对重点部位、危险部位或人员密集区域设定火情，由单位领导、保卫部门和有关部门负责人等组成自救指挥组，按照灭火、引导疏散等工作分工设立灭火组、引导组。

演习要求

（1）各单位要根据本单位的实际情况，假设火情，制定具体的演练方案，严密组织，精心安排，确保演习顺利进行。

（2）演练人员要一切行动听指挥，要把演练当做一次实战的机会，各项步骤的实施要迅速、紧张有序，操作动作要到位。

（3）要做好演练的安全工作。演练场所、路线、器材的选择要合理、可靠，演练前要对参加演练的人员进行安全教育，保卫部门要对环境进行检查，特别对疏散中使用的梯子、绳索等各类用具、器具进行检查，确保安全可靠。

（4）要通过演练及时总结、完善各单位的火灾应急预案，使演练真正起到检验应急预案、提高初期火灾扑救能力的作用。

制定火灾应急预案的有关要求

（1）消防安全重点单位应按消防法律规定制定火灾应急预案，其他单位也应当结合本单位实际，参照制定相应的应急方案。

（2）消防安全重点单位应安全火灾应急预案的要求，至少每半年进行一次演练，并结合实际，不断完善预案；其他单位按照火灾应急预案的要求，至少每年组织一次演练。

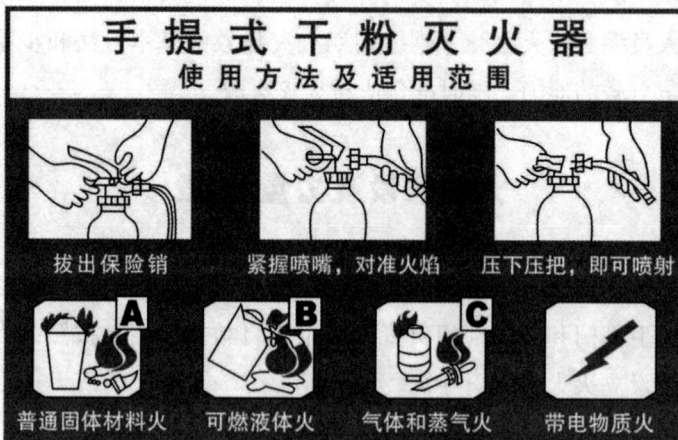

手提式干粉灭火器
使用方法及适用范围

拔出保险销　　　紧握喷嘴，对准火焰　　　压下压把，即可喷射

A 普通固体材料火　　B 可燃液体火　　C 气体和蒸气火　　带电物质火

消防安全 20 条

（1）父母、师长要教育儿童养成不玩火的好习惯。任何单位不得组织未成年人扑救火灾。

（2）切莫乱扔烟头和火种。

（3）室内装修装饰不宜采用易燃、可燃材料。

（4）消火栓关系公共安全，切勿损坏、圈占或埋压。

（5）爱护消防器材，掌握常用消防器材的使用方法。

（6）切勿携带易燃易爆物品进入公共场所、乘坐公共交通工具。

（7）进入公共场所要注意观察消防标志，记住疏散方向。

（8）在任何情况下都要保持疏散通道通畅。

（9）任何人发现危及公共消防安全的行为，都可向公安消防部门或值勤公安人员举报。

（10）生活用火要特别小心，火源附近不要放置可燃、易燃物品。

（11）发现煤气泄漏，速关阀门，打开门窗，切勿触动电器开关和使用

明火。

（12）电器线路破旧老化要及时修理更换。

（13）电路保险丝（片）熔断，切勿用铜线、铁线代替。

（14）不能超负荷用电。

（15）发现火灾速打报警电话119，消防队救火不收费。

（16）了解火场情况的人，应及时将火场内被围人员及易燃易爆物品情况告诉消防人员。

（17）火灾袭来时要迅速疏散逃生，不要贪恋财物。

（18）必须穿过浓烟逃生时，应尽量用浸湿的衣物包裹身体，捂住口鼻，贴近地面。

（19）身上着火，可就地打滚，或用厚重衣物覆盖压灭火苗。

（20）大火封门无法逃生时，可用浸湿的被褥、衣物等堵塞门缝、泼水降温，呼救待援。

第六章

常见家庭火灾

电气设备安装使用不当

电气设备安装使用不当引起的火灾主要指：使用电加热器具不当，高温引起周围可燃物起火；电器设备内部故障发热引起火灾；线路短路、过负荷及接触不良等故障发热引起的火灾。

使用电热毯引起火灾

1999 年 1 月 8 日，二楼的施女士正在厨房间洗刷碗筷，突然闻到一股焦味，她急忙走到卧室和客厅，四周环顾，未发现异常情况。此时，烟焦味越来越重。她推开阳台窗门，发现一股浓烟正从隔壁婆婆家窗门缓缓飘向室外。婆婆家着火了，施女士心想。她急忙拨打了"119"，然后跑到门外大声呼救，周围群众闻警迅速赶到现场，帮施女士一起扑救火灾。由于烟雾越来越重，群众自救不

成，争先恐后奔出房门。此时消防队及时赶到出水扑救，大火终被扑灭。施女士婆婆家价值 1500 元的家具、衣物等在火中化为灰烬。

经调查，施女士的婆婆年过八旬，因天气较冷，晚上使用电热毯取暖，并在电热毯上盖了一层垫被。早晨起床后因记忆力较差，一早外出活动时忘记关掉电热毯的电源开关。因电热毯上下被褥等保温材料较厚，导致电热毯散热条件较差，产生的热量使得电热毯温度逐渐升高，从而引起被褥等可燃物起火。

使用"热得快"引起火灾

1996 年 4 月 5 日上午，陆某家起火，由于地处老式里弄，火势蔓延十分迅速，没多久，熊熊烈火烧毁了整整五户人家……面对眼前的残垣断壁，失去家园的人们哪里会想到，这罪魁祸首竟是一个小小的"热得快"。原来早晨陆某起床后用"热得快"烧开水，可离家时忘记拔掉电源插头，瓶中水干后"热得快"干烧所产生的高温致使瓶胆爆裂，并将水瓶的可燃外壳引燃造成火灾。

使用电蚊香引起火灾

1996 年 6 月 10 日 12 时 15 分，正是午休的时候，居民王某家中卧室敞开的窗户里突然冒出滚滚浓烟，居住在楼对面的居民从窗口发现后，立即推开窗大声地呼喊："着火了，着火了！"按理说，窗户开着屋里应该有人，可是邻居大声地喊叫并没有引起任何动静。莫非屋里的人已遭不测，还是另有情况。

此时，周围的邻居都已经发现了火情，大家一起用力敲门。过了好一会儿，正准备撞门而入时，门却开了。原来，户主王某 80 多岁的老丈人就在家里。由于老人年事已高，而且患有耳疾，独自待在小间里既没有听到邻居的叫喊，也没有发现家中的火情。当邻居冲进家内告诉老人着火了，老人还不肯相信。待老人打开卧室的房门后，原来还是冒烟的房内一下子蹿起了很高的火焰，朝老人迎面扑来。老人的头发顿时就被火烧焦，人也被热浪冲倒。

邻居们见状一边把不肯离开家的老人硬拖离现场，一边立刻拨打 119 电话

报警。等到消防车赶到，扑灭火势后，家中的一切财物都已经烧成了灰，经济损失 10 万元以上。

消防人员根据事后的问询调查和现场勘查认定，起火原因是由于该户居民晚上点电蚊香驱赶蚊子，早上上班前忘记将电蚊香的插头拔去便离开，造成电蚊香长时间通电，产生的热量引燃紧靠的床单而引发火灾。

电器内部故障引起火灾

电器内部故障引起火灾，是指由于电器设备内部元器件或线路因使用不当或老化等原因故障发热引起的火灾。随着生活的不断改善，居民家中的电器设备不断增多，除前面所讲的电加热器具外，还有电视机、电冰箱、洗衣机、空调、录（放）像机、VCD、DVD、LD、录音机、音响、电脑、微波炉、脱排油烟机、门铃、充电电话、充电器及各类灯具等。

电冰箱引起火灾

2000 年 7 月 2 日 23 时 30 分，一多层住宅二楼发生火灾，烧毁客厅内部分家电及装修，死亡一人，直接经济损失 1 万余元。

当晚因天气较热，该户一家三口吃过晚饭后，将门窗紧闭，打开客厅内的立式空调后，一家人于 22 时 30 分左右睡觉。夫妻二人睡在客厅南侧东边的主卧室，15 岁的儿子睡在客厅南侧西边的卧室。23 时 30 分左右，男主人被浓烟呛醒，起床走到卧室门口，看到客厅里一片浓烟，电冰箱与立式空调处有火。当他想从客厅冲进儿子的卧室时，因呼吸困难退了回来。夫妻二人从主卧室南侧平台逃出后敲打儿子卧室的窗玻璃，并呼叫他的名字，儿子听到应了一声后再没动静。待消防队扑灭火灾后，在床前发现了小孩，已窒息死亡。

经现场勘查和调查访问，位于客厅西北角电冰箱的后侧下方工作室燃烧最严重，向四周蔓延痕迹明显。工作室内发现导线短路熔痕，启动电容等电器元件完全烧毁。认定该起火灾原因为：通电状态的电冰箱工作室内电气故障发热引燃周围可燃物，从而引起火灾。

微波炉引起火灾

1999 年 1 月 1 日 19 时 50 分，某高层居民家中突然起火，火灾烧毁厨房及客厅内物品，直接经济损失 2 万余元。

当天下午，该户居民一家三口外出购物回家后，母女俩因比较累直接到卧室休息，父亲则将米淘好放在微波炉内烧饭。趁饭还未熟的时候，他也到卧室去休息一会儿。突然他们被烟呛醒，起来一看，发现厨房内有烟飘出，并看到微波炉已经烧了起来。

经调查访问和现场勘查，认定该起火灾原因为：通电工作状态下的微波炉内部故障起火。

空调引起火灾

2000年2月16日凌晨1时许，某高档住宅区一外国人租住的别墅三楼卧室发生火灾，火灾烧毁空调室内机及下方家具等物品，二三层房间受烟熏，直接经济损失2万余元。

当晚租住此地的一对外国夫妇回家后，上三楼将空调打开，然后在底楼与朋友交谈。凌晨1时许闻到烟味，即到楼上查看，发现二楼到三楼的楼梯处浓烟弥漫，已无法上去，报警后消防队到场将火扑灭。

经现场勘查，发现三楼房间内一壁挂式冷暖空调室内机外壳已完全烧毁，右侧接线板燃烧最重，连接室外机电源的铜质接插件除一对熔融，其余完好。认定该起火灾原因为：通电制暖状态下的空调室内机连接室外机电源线的接线柱松动，发热引燃周围可燃物起火。

台灯起火

申城六月的天，似孩子的脸，说变就变，一会儿是阳光普照，一会儿则是暴雨袭城。王某正沉浸在金庸武侠小说精彩的打斗之中，此时天色突然暗了下来，顷刻间，狂风大作，雷声隆隆，大雨急倾，室内光线暗了下来。王某遂打开了书桌上的白炽台灯，继续欣赏打斗场面。15时30分，王母家中漏雨，于是打电话将长子王某叫回家中。王某匆忙离开之际，忘记了切断台灯的电源。帮助母亲修好漏雨的屋顶后，骤雨初歇，于是王某骑车赶回自己的家。刚到弄口，弄内人头攒动，许多人在私语，"真惨啊，家里全烧光了""真是火灾猛于虎啊"……"小王，你家被火烧了。"是邻居张某大声地向王某喊叫。此时的王某心里一慌，车子"哐啷"摔在地上。他急速奔向家中，看到的只是黑水横流，狼藉满屋，价值7500元的电视机、电冰箱、家具等物毁于一炬。

根据调查，认定该起火灾原因为：由于主人使用超过规定功率的60瓦白炽灯并长时间通电，表面温度升高引燃塑料灯罩后，引起书桌上其他可燃物燃烧，进而扩大成灾。

可视门铃引起火灾

1999年10月4日凌晨2时许，王某一家正在熟睡中，突然"轰"的一声，将王某的妻子从梦中惊醒。她脑中第一个反应就是：别是儿子出什么事了？脱口叫了出来："哎呀，大概龙龙有啥事情了！"

妻子的叫声把睡在一旁的王某也惊醒了，两人一同起床推开卧室的门，立刻发现在木制拱形装饰大门旁边，放置着饮水机的墙面位置有一团熊熊的火焰在燃烧，火焰已经超过饮水机30厘米。

王某的妻子见状当场就两腿发软，瘫坐在地上。王某还算冷静，他叫醒睡在小间的儿子，让他打"119"电话报警，自己则跑到卫生间和厨房拿来盛满了水的脸盆朝着火的木墙上浇。可是此时火势已经蔓延，来来回回浇了好几脸盆的水都如杯水车薪，光靠这点水已经无法浇灭，而且火势很快就向房顶蔓延开来，烧到了拱形门的上方。到了这个时候，王某也发急了，冲进厨房扑到窗户上，向外大叫："救火啊！六楼着火了！"

与此同时，王某的妻子也清醒过来，试着打开大门。但由于过于紧张，哆哆嗦嗦的手怎么也打不开房门。等到她好不容易打开门后，楼下的邻居闻讯赶到，大家一起帮忙救火。王某的妻子因在开门时被火烧伤，在火灾后被送往医院。

消防人员根据现场勘查和现场笔录，认定该起火灾原因为：由于安装在饮水机上方墙体上的可视对讲系统室内机故障发热，引起燃烧扩大成灾。

电气线路故障引起火灾

电气线路指输配电及用电线路，本书中主要指居民家庭从电表处到用电设备这一部分的线路，其中还包括保险装置、开关、插座以及移动式接线板等。电气线路故障引起的火灾主要指电气线路发生短路、过负荷、接触不良等故障，发热引燃周围可燃物的火灾。

插头松动引起火灾

2000年4月23日晚上，15岁的男孩做完功课后，早早洗漱完毕来到自己平日睡觉的地方——客厅的三人沙发上就寝。睡下后男孩脑中还在思考刚才的功课，正在翻来覆去之时，突然闻到一股烟味。男孩的母亲这时也在客厅，抬头发现沙发背面蹿出一条火舌，连忙拉起儿子开门到邻居家打电话报警，消防队到场后将火扑灭。火灾烧毁客厅内的家具与电器，过火面积22平方米，直接经济损失7500余元。

经调查，客厅三人沙发与墙体成90°垂直放置，电冰箱的电源插头插在沙发后侧的墙式插座上，沙发后背紧靠着电冰箱的电源插头。几天前女主人就发现家中电灯出现忽明忽暗的现象，但未采取措施。由于受到沙发摇动的影响，电冰箱的电源插头与插座之间发生松动打火，引燃沙发后背处的可燃材料造成火灾。火灾原因调查人员认定该起火灾原因为：客厅内电冰箱电源插头与插座松动，打火引燃周围可燃物，起火并扩大成灾。

电线短路起火

正值腊月，天寒地冻，西北风凛冽刺骨。1999 年 1 月 10 日 19 时左右，某户居民从外面吃完饭后回来，打开暖风机取暖。户主叶某夫妇忙于洗漱，准备就寝。其子在客厅看电视时，只见电视机边的台灯一闪一闪的，他觉得奇怪，扭头一看，看见背后墙边的沙发背面闪出火光，吓得他大叫起来。父母闻声跑出来，见沙发已熊熊燃烧了起来，且引燃了边上的席梦思床垫，火势正在蔓延扩大。叶某见状，赶忙叫妻子和儿子下楼逃生，自己一人进行扑救。然而毕竟势单力薄，杯水车薪，火势很快扩大成灾，并顺着窗户向邻居家扑去，把相邻的 406 室也引燃了。

众邻里一边报警，一边组织人员疏散。但是由于房屋结构差，连同 505、506 室受灾的四户人家过火面积达 100 多平方米，四人扑救火灾时受伤，506 室的一家父子二人因逃避不及，被烟熏窒息死亡。

经调查，认定该起火灾起火原因为：客厅沙发后连接暖风机的接线板电源线路与沙发靠背长期接触、摩擦、破损，导致线路短路，产生的电火花引燃了沙发和席梦思床垫，最终蔓延扩大成灾。

导线连接不当引起火灾

1999 年 11 月 4 日下午 15 时 30 分，因夜班休息在家的居民江某准备用电熨斗将没有晾干的被夹里烫干，于是她先将电熨斗竖放在熨衣桌上，再将熨斗的电源插头插入墙上的插座。当她插好插头转身后，突然发现熨衣桌下冒出了白烟，就在她准备将桌子下的碎布拉出来时，火焰已经窜了出来。江某见状后马上关掉家中的电闸，接着又跑到楼下去关总电闸，等到她再上二楼时，火势已经无法控制。最后，江某被邻居救下，而其 85 岁的婆婆因瘫痪在床行动不便而被活活烧死。经消防人员调查，江家电熨斗的电源线中间接过一段，认定该起火灾起火原因为：电熨斗电源线中间接头连接处接触不良，造成接触电阻过大，产生的热量引燃周围可燃物而造成火灾。

装修期间用电不慎起火

香港回归庆典的余音还未全部散尽，某户人家就忙着装修新居。国逢喜事人心爽，装修工人忙了整整一个上午，临近中午饭时才想到休息。当他端着饭一屁股坐在油漆桶上，边吃边欣赏着一上午的劳动成果时，心里感到很得意，禁不住扭起了屁股，连坐着的油桶也跟着一起晃动，一下、两下……全然没有想到一起意想不到的灾祸正向他逼来。

饭还未吃完，心还在得意，只听得"嘭"的一声，装修工屁股底下的油漆桶突然冒起了一团火来，吓得他灵魂出窍，一下子扔掉饭盒，从桶上跳了起来，捂住烧着的屁股，大叫着夺路而逃。火追着他逃去的背影一路蔓延，一会儿就把室内的各类家用电器和装饰材料烧着了，并迅速扩大成灾。后经消防队到场，才把大火扑灭。火灾虽然没有造成人员伤亡，但是大火已殃及到相邻的两户人家，经济损失达41万元。

经调查，认定该起火灾原因为：装修工坐着的桶下有一根木工干活时铺设的临时电线，人坐上晃动，使电线的绝缘层与桶底边发生摩擦、破损，导致短路，产生的电火花引燃粘在桶外侧含稀释剂的硝基油漆，迅速蔓延成灾。

导线过负荷起火

现在居民家中有台彩电、冰箱、洗衣机什么的已经不是稀奇事了，有条件的甚至还都不止一台呢。就连以前在城里都比较稀罕的空调，如今在农村也都不算什么了。可是正当人们喜滋滋地把这些家用电器抱回家的时候，却往往因为使用不当而造成火灾，财物尽毁，乐极生悲。

1997年6月5日晚上20时，村民沈某家中突然发生火灾，大火烧毁了90平方米的平房，家里的家用电器、家具等物全部被火烧毁，直接经济损失98 600元。这样的一笔钱对一个农村家庭而言，实在不能算是一个小数目。

事后消防人员对沈家进行调查访问和现场勘查，发现她家虽然是农村的普通民房，但家中家用电器比较多，有空调、彩电、冰箱、洗衣机，还有电饭锅等。由于这些东西都是一点一点添置的，事先都没有设置相应的单独排线，所以就自己接了一个接线板，把许多家用电器的插头都集中插在上面。发生火灾时，正值晚上 20 时，家中有多个电器同时使用。火灾发生前先发生断电，并看见电线上蹿出火苗。

经调查，认定该起火灾原因为：由于居民在使用接线板时，多个插座同时使用大功率的电器设备，导致电线过负荷发热起火造成火灾。

遇水漏电引起火灾

1999 年 9 月 5 日中午，居委会会议室里人头攒动、人声鼎沸，居委正在这里召开创建文明小区的会议。虽然天公不作美，下起了瓢泼大雨，但丝毫不影响居民们的热情，休息在家的居民连同老婆婆、老大爷们都在会议室里热火朝天地讨论着小区建设的议题，大家满怀信心地要创建市级文明小区。就在这时，一位坐在门口的老大爷发现居民刘某家的窗户里冒出了一股股的浓烟。这家的主人都在上班，大家感觉不对，赶紧打"119"报警，消防队到场才扑灭了大火。

经调查，认定该起火灾原因为：刘某家放在窗户旁的接线板处于通电状态，由于窗户未关，雨水刮了进来，滴落在接线板上，导致漏电起火。

生活用火不慎引起火灾

生活用火不慎主要是指生活或涉及生活的用火，包括炉灶（炉具）设置、使用不当，余火复燃，香烛使用不慎，燃气燃具故障及使用不当等。

使用蚊香不慎

1999 年 8 月 29 日晚，89 岁的老人韩某因近日天气炎热，加上年迈体虚，晚饭后便早早地睡下了。乡下蚊子较多，老人睡前没有忘记点上一圈蚊香，指望能够美美地睡上个安稳觉。大概是蚊香充分发挥了作用，今晚老人睡得特别香甜。约凌晨 2 时 50 分，披在床角的蚊帐滑落下来，正好盖在了点着的蚊香上，蚊帐被蚊香头慢慢引燃，火焰一下子蹿上了蚊帐顶并引燃了周围的可燃物，这时老人仍在酣睡中。

当老人被阵阵灼热的烟气呛醒时，火势已经迅速蔓延，扩大成灾了。他急忙叫喊着、挣扎着向外逃去……然而夜深人静，一时竟无人能够及时发现老人正在与火魔和死神作最后的抗争。当人们发现着火时，立即组织人员进行扑救。当把老人从火场中救出来时，老人因年老体弱、吸入大量的有毒气体而不幸身亡。

敬神祭祖不慎

2000 年 2 月 4 日，这天晚上正好是大年夜，所以甚为热闹。吃完年夜饭，程某一家老少也像大部分的中国家庭一样聚在一起，一边看着春节联欢晚会，一边等着新年第一声钟声的敲响。放完了鞭炮，程某将一把点燃了的香插在塑料香炉里，然后恭恭敬敬地摆放在拜祭着祖先的供桌上，祈求祖先保佑一家平安。做完了这些，已经操累了一天的程某顿觉阵阵倦意，放心地上床睡觉了。不想凌晨 4 时许，香炉里的香火掉落下来，引燃了可燃物，由于发现晚，火势迅速蔓延并最终导致火灾。大火造成一户烧毁、一人死亡，直接经济损失数万元。

床上吸烟

居民周某，男，43 岁，无业在家，有精神病史，与监护人王某（其姐夫）合住一套两层老式砖木结构住宅的二楼，周某、王某分住两间。那天晚上，周某精神异常兴奋，大吵大闹，久久不能入睡，严重影响周围居民休息。王某劝周某服用安眠药后就回隔壁房间睡觉。没想到周某卧床后顺手拿了床头一根烟吸了起来，因药物作用，周某没多久就昏然入睡，烟头掉落到被褥上引燃了周围的可燃物。隔壁王某听到"噼噼啪啪"的声音，迅速起来扑救，可为时已晚，周某经医院抢救无效而死亡。

余火复燃火灾

余火复燃火灾是指火种没有被完全熄灭，再次引燃可燃物造成的火灾。这类火灾在使用灶头的农村居民家庭以及使用煤炉的城镇居民家庭中较为多见，常见的有木柴复燃、草灰复燃。

居民陆某在家中的天井里用木柴生煤炉。不一会儿，炉子便点旺了。望着

炉内熊熊的火焰，她忽然想起了家里的液化气罐没气了，匆忙把未燃尽的木柴夹了出来，舀了碗水浇了一下。她看看木柴火灭了，就把它放回到厨房的木柴堆里，然后扛起空瓶出去换气。

不曾想到的是，刚才的那根木柴根本就没有被浇灭，不久木柴又重新着了起来，并且火焰还把厨房里其他的木柴堆也烧着了。等到陆某从外面换气回来，火势已蔓延到其他房间。

大火烧毁了家中的电视机、电冰箱、录像机、手表、家具等物品，直接经济损失达3万余元。

常见家庭火灾

火灾防范

易燃易爆液体火灾

汽油极易燃烧，易挥发，属于易燃易爆化学危险物品。居民家庭因使用汽油不慎发生的火灾越来越多，而且后果特别严重。

自行加油不慎

张某是位摩托车驾驶员，为方便加油，平时在家中存放了一个有20余升汽油的铁桶。这天，他像往常一样准备给摩托车加油。

为了方便，他打算将铁桶里的汽油先倒进一只小玻璃瓶里。考虑到"安全"，他还特意把作业场所选在厨房的水斗处。然而"智者"千虑，必有一失。张某没有想到的是汽油是极易挥发的易燃液体。很快，汽油挥发出的可燃气体与空气混合后达到爆炸极限，遇到水斗旁煤炉里的炉火后引起轰燃。火焰最先将房门出口封堵，张某一家三人最后在消防队员的救助下，从阳台逃离了火海。

私自灌装

家本是一家人居住的地方，而邱某却将自己家当成了储存易燃易爆液体分装销售的地下加工厂。1996年12月25日傍晚17时许，邱某准备把灶边放置的一装有25千克碳五的铁皮桶内的碳五灌装入一塑料桶内。就在他用橡皮管吸液灌装时，由于塑料桶口太小，导致碳五外溢，碳五挥发出的蒸气遇到灶间内煤球炉里的明火引起了爆炸。当事人邱某脸部被严重灼伤，火灾过火面积达120平方米，造成六户居民受灾，直接财产损失72000余元。

燃气燃具火灾

燃气燃具与居民家庭生活息息相关，因此此类火灾也是整个生活用火不慎火灾中最常见的一种火灾。

橡皮管老化引起气体泄漏

1999 年 7 月 2 日凌晨 5 时许，周某夫妇从外地回到许久未归已空置数月的家。由于室内液化石油气钢瓶总阀门未拧紧，橡皮管老化导致长时间漏气，在门窗紧闭的房间里已经充满了一定浓度的液化石油气气体。但多日的旅行已令夫妇俩感到身心疲惫，周的妻子一屁股坐在沙发上，对吸入鼻内的一股怪味没有给予重视。躺在床上的周某一边询问是否闻到异味的同时，一边用打火机点烟。突然"轰"的一声，一团火焰似从地下喷出，直扑周妻的脸。火势迅速蔓延扩散，酿成火灾。周妻面部被毁。

火焰熄灭引起气体泄漏

1998 年 4 月 29 日下午 15 时左右，居民吴某从外面回家，觉得燥热难当，就想冲个澡，放松一下。见妻子和孩子也不在家中，便自己打开液化气灶，开始烧水。水一时还不能烧好，他就到卧室里去边看电视边等着水开。或许是电视节目很精彩，吴某看着看着，竟忘了厨房里还在烧着水。等水烧得沸腾起来时，就顺着壶口漫溢出来，把灶火给浇灭了。液化气顺着打开的口子向外泄漏，碰到冰箱继电器产生的电火花后发生爆燃。

当吴某听到"轰"的一声时，回头一看，只见一团火球呼啸着向他扑来，吓得他急忙抱头躲藏，可是已经来不及了，凶猛、灼热的大火将他烧成二度烧伤，家里的大部分东西也都烧着了。吴某见火势已无力扑救，情急之下，只好从家里二楼的窗户跳下，侥幸逃生。

煮物烧干

1998 年 8 月 8 日，适逢周末，家住二楼的刘某想到孩子今天要去学习舞蹈，于是她早早起床，6 时 20 分许，她在液化气灶具上烧起稀饭。把稀饭炖在灶头上后，匆匆赶到街上去买油条。在回家的路上，刘某又到菜场买了中午要烧的菜，家中液化气灶上炖着的稀饭她早已忘记。

由于长时间的烧煮，饭被烧干之后铝锅也被烧穿，并烤燃了附近的菜橱，引起火灾蔓延。大火很快蔓延至其他三户，并扩大成灾。

油锅起火

某户主下岗后自谋出路。他们利用自家住宅，雇了两名外来人员烧盒饭进行贩卖，生意很快就红火起来。1998 年 6 月 17 日早晨，户主双双外出，两名外来人员像往日一样，在二楼前楼的灶台上烧着菜。其中一人离开了，另一人往

锅里加了半锅油，看看火头不是太旺，要想把油烧旺恐怕还得花些时间，就自顾到楼下去取点东西。没有想到，就在他到楼下去的那一段时间内，锅中的油因温度太高着起了火。火烧着了二楼的木结构吊顶，火势很快就扩散开来。事后据有关部门统计，这起火灾直接经济损失 2000 元，没有人员伤亡。

炉具放置不当

1996 年 6 月 23 日中午 11 时许，独自一个人居住的 65 岁老人赵某正准备用煤炉烧中饭。赵某把煤炉生着，把菜放在了炉子上。为了让火头大一些，赵某特意将煤炉搬到了房间里靠窗口的地方。随后赵某躺在了床上闭目养神，不想竟一下子睡着了。

大约半小时之后，煤炉里的火苗蹿出来，正好烧着了上边垂下的窗帘，窗帘着起火来。当赵某从梦中惊醒时，发现房间里弥漫着呛人的浓烟，窗户边的窗帘上都是火。由于房子是砖木结构，火势很快就蔓延到房顶，并且向隔壁民居扩散，很快就扩大成灾。

最后，大火共烧损了十户居民的全部房屋和财产。虽然赵某本人在火灾中被火烧伤，而且房产尽毁，但由于是他的过失而引起火灾的，且后果严重，因此被判有期徒刑一年六个月，缓刑两年。

燃气用具故障

1999 年 9 月 6 日，李某正在家里用燃气热水器洗澡，突然水自己断掉了，接着便听到厨房间有"噼噼啪啪"的声音，等赶过去看时，发现平时好好的燃气热水器竟蹿出了火苗和浓烟。由于发现、处置及时，仅烧毁一台燃气热水器，避免了人员伤亡及大的经济损失。

经调查，在李某使用燃气热水器的过程中，由于热水器进水管压力开关出现锈蚀，造成热水器断水后煤气进气阀未能连锁动作，从而使热水器干烧引发火灾。

玩火引起火灾

玩火引起火灾主要指燃放烟花爆竹、小孩玩火引起的火灾，生活中有时还会有成人玩火引起的火灾。

燃放烟花爆竹火灾

烟花爆竹是指能产生烟光、声响的烟花、鞭炮、高升、礼花弹等。燃放烟花爆竹引起的火灾，指居民在燃放鞭炮、高升、烟花等物时造成的火灾，有的烧毁居民住宅，有的人员被炸伤、炸死。

燃放鞭炮引起汽油起火

1998 年春节刚过，长宁区虹桥路某弄一多层住宅的男女主人早晨去单位上班，家中正在读小学的儿子放寒假一人在家。父母为了防止小孩乱跑，临走时将房门反锁，同时把钥匙交给隔壁邻居，请他照看小孩。小孩一人在家看看电

视，做做作业。中午吃过父母留好的饭菜后本该睡午觉了，可是他却一点睡意也没有。小孩找出春节期间放剩的鞭炮后，在阳台上燃放起来。放了几个鞭炮，觉得也没劲，想找个瓶子什么的放个鞭炮进去。当他看到父亲放在阳台上为助动车加油的油桶后，不禁突发奇想，把油桶盖拧开，将燃着的鞭炮扔进油桶，结果鞭炮爆炸的同时引燃了汽油蒸气，油桶起火并烧着旁边的可燃物。

小孩一看着火了，开始还想将火弄灭，怎奈油助火势，小孩一个人势单力薄，根本无法扑灭火灾，五楼阳台上浓烟滚滚，小孩只得跑到门口高声呼救。住在隔壁的邻居听到后，马上打开房门将男孩救出，并迅速拨打"119"报警。经消防队扑救，等火灾熄灭后两室一厅的房间早已面目全非，直接经济损失达5万余元。

燃放烟花爆竹引起火灾

这一天正是农历1996年的元宵节，几乎所有的人家都团圆在饭桌前，品尝着可口的元宵，述说着节日的趣事，勾画着新年的打算。每间屋子都充满了杯来盏去的声音和轻松愉悦的气氛。屋外，饭后的人们在马路上、弄堂里玩放春节期间剩下来的烟花爆竹，那时远时近、时大时小的鞭炮声和夜明珠、礼花弹划破夜空时的绚丽色彩，更衬托出节日的喧闹和欢快。和邻居们一样，家住二楼的居民张某也在与家人共享着元宵团聚的喜悦。

然而就在22时20分许，当晚餐正逐步进入尾声时，一颗夜明珠突然从天而降，穿过底层灶间开启的气窗飞了进来，致使地面的可燃物被引燃，火势沿着二楼的木扶梯直冲屋顶，并向四周蔓延开来……由于透过窗户的火光被天空中的礼花所遮掩，木柴爆裂的嘶嘶声被屋外的爆竹声所覆盖，因此火魔的来临并没有立即引起主人和附近居民的注意。等到张某及其家人发现火情时，火焰已经刺破屋顶，甚至连下楼的逃生通道也已被火势封堵。情急之下的二楼居民们纷纷奔向平台向外呼叫求救，其中一位居民因惊恐过度直接跳楼。接到报警后，消防队迅速赶到现场扑灭了大火，及时解救了平台上的居民。经统计，火灾使14户人家受灾，过火面积约2000平方米，造成直接经济损失达10万余元，那位跳楼的居民还因骨折被送进了医院。

教训和对策

以上几起案例都是因燃放烟花爆竹不慎引起的火灾，有的燃放方法不当，有的购买劣质产品，还有的是因为不注意防火导致烟花等火种飞入引起火灾。

由于中国几千年的"点火放炮"传统风俗以及焰火极富可观性，节假日、重大活动要燃放烟花爆竹的观念已在老百姓心目中根深蒂固。但烟花爆竹主要由黑火药制成，一些升空类的产品中还有其他爆炸速率更快的炸药成分。有的劣质产品为了吸引人，超标放药，使用禁药，冲击力、破坏力大，空气污染严重。每年因燃放劣质烟花爆竹或燃放方式、方法不当而导致的火灾以及人员伤亡数不胜数。

虽然国家每年要对厂家生产的烟花爆竹品种进行严格筛选，对那些杀伤力大、噪声响、空气污染严重的品种坚决禁止入境，并对非法销售渠道进行严厉打击，但由于买方市场巨大，不少非法分子置他人生命财产于不顾，铤而走险，以次充好，牟取暴利。

所以，居民在购买燃放烟花爆竹时要注意以下几点：

（1）广大居民在购买烟花爆竹时，要到有销售许可证的销售点购买。正规的烟花爆竹销售部门，每年对产品与厂家都要进行严格的审核，对爆炸威力过大、升空过高、抛出物燃烧性过强等产品禁止进入，同时对生产的厂家规模有一定的要求，并派人驻厂监督制作过程。产品的合格率高，危险性小，并且给

产品进行了保险。居民在购买时应注意上面的防伪标记。必须提醒的是市民绝对不能购买礼花弹，因为礼花弹是禁放产品，爆炸威力强，危险性大，极易发生火灾和其他伤害事故。市民发现此类产品销售，应及时向公安机关举报。

（2）在允许燃放的时间、地点燃放烟花爆竹。根据有关规定，燃放烟花爆竹的日期、时间、地点也有限制。

（3）居民在允许燃放的地段燃放烟花爆竹时，应选择附近可燃物较少的空地，并考虑附近高处的可燃物情况。

（4）产品说明标明不能手持燃放的千万不要手持燃放。

（5）升空类的烟花不能对着人、车辆或建筑物燃放。

（6）小孩燃放烟花爆竹需成人监护。

（7）遇到点着后不炸的烟花爆竹不要立即上前查看，应待一段时间后用水浇湿处理掉。

（8）燃放结束后应检查周围是否有遗留火种。

（9）不要携带烟花爆竹乘坐公共交通车辆。

（10）不可邮寄、托运、寄存烟花爆竹。

（11）中不能库存大量烟花爆竹。购买的烟花爆竹必须远离火种，严禁明火烘烤，避免剧烈震动或强压、摩擦等，以防引起自燃自爆。

（12）春节期间居民应关好门窗，及时清扫屋顶、阳台上的可燃杂物，避免被飞来的烟花爆竹引燃。

小孩玩火火灾

小孩玩火引起的火灾是指未成年人玩火引起的火灾。

小孩玩火烧狗棚

"六一"儿童节应该是小朋友们最快乐的节日了。在这一天，被打扮得漂漂亮亮的孩子一定会由爸爸妈妈带着，或是去公园痛痛快快地玩一回，或是去大吃一顿眼馋了很久的大餐，说不定还会得到一份意外的礼物。然而一名年仅6岁的小女孩却由于一场意外的火灾，生命被永远定格在儿童节的那一天，永

远也无法享受这儿童节的快乐了。

这天下午，村民陈某的女儿乘家里人不注意，拿了一只一次性打火机钻到了父亲养狗的狗棚里玩。出于好奇和好玩，小女孩用力打着了打火机，伸手点着了盖在狗棚上的塑料薄膜和麦柴。没想到塑料薄膜和麦柴一经点燃便像一条火龙向四面逃窜，不一会儿工夫，小女孩就被火焰团团围住，整个狗棚成了火海，几分钟的工夫就烧成了灰，可怜的小女孩也在瞬间被活活烧死在了狗棚里。

小孩玩火身亡

吴某夫妇二人从安徽来沪打工已有数年了，两人通过自己辛勤的劳动和诚实的人品换得了用工单位的信任，长期聘用他们二人做街道的清洁工。虽然工资不高，但养活夫妻二人再加一个儿子还能有些剩余，一家人还租借了一间简屋居住。夫妻二人起早摸黑，工作之余与小孩共享天伦之乐，日子过得倒也幸福。

吴某一家的房子很小，7 岁的儿子与父母同睡一床。那天晚上，一家人洗漱完毕上床睡觉，同往常一样，吴某躺在床上用打火机点了根香烟，顺手将打火机往枕头边一放。抽完烟后，由于第二天一早还要起早干活，吴某倒头便睡。早晨 4 时，天还没亮，夫妻二人准备起床去扫地。起床时小孩也醒了，吴某一边叫小孩再睡一会儿，一边找自己的打火机，可翻了一会儿没找到，看看上班的时间到了就和妻子一起出了门。

可孩子并没有听他的话，而是在床上玩耍起来。这时他看到了父亲放在床上的打火机，拿起来打了几下，打火机蹿出的火苗让他兴奋不已。可是光打打火机也没劲，他想找点什么东西烧烧，于是用打火机点起了盖在身上的被子。谁知被子被点着后，火迅速沿着被子的边燃烧起来，孩子吓坏了，从床上跳下来就钻到床的下面躲了起来。

5点左右，邻居闻到一股焦味，并看到后门飘出烟雾，就去敲吴家的门，见无人应答就推门而入。只见屋内烟雾弥漫，已看不清东西。邻居知道平日里吴某出去扫地时小孩留在家中，于是屏住呼吸进屋找小孩，但摸了一通没有找到，只得退了出来，拨打"119"报警。经消防队出水，火灾迅速被扑灭。当人们翻开床板时，小孩已窒息身亡。

教训和对策

以上两起火灾都是由于未成年人玩火引起的。广大的青少年朋友应远离一切容易引起火灾的物品，如打火机、香烟、鞭炮。并且要提高警惕、预防生活中的不良习惯而造成的火灾。一旦火灾发生要拨打119寻求帮助，切莫惊慌、逃避。平时还要多关注一些关于火灾预防的信息。

奇闻异火

在生活中，除了一些常见的火灾外，还有一些令人意想不到的火灾，有些甚至匪夷所思，但的的确确是曾经发生过的真实的故事。

怠慢小狗，祸起萧墙

1995 年 11 月 23 日，家住闵行区碧江路的张先生家燃起了大火。消防队接到报警后飞速赶到现场，出水灭火，很快就扑灭了大火。这起火灾烧毁了张家的西装、夹克衫、羊毛衫等物品，损失 5500 元。而最让张先生感到不可思议的却是，这起火灾居然是由他家豢养的小狗所引起的。

豢养宠物可以怡情，张先生这些年来也赶起了时髦，养了一条小狗。他把小狗放养在阁楼闷顶内，可是连着好几天，居然都忘了给小狗喂食。小狗饥饿难忍，又无处可去。恰好张家的电线都是从闷顶穿过的。俗话说：狗急跳墙。饥饿之余，电线似乎也变成了美食。小狗一时性起，啃咬起电线来。谁知咬破了电线绝缘层，造成了电线短路，打出的火花引燃了闷顶上堆放的可燃物，火势蔓延造成了火灾。

人烧老鼠，老鼠烧家

1999 年元旦前夕，全世界都在为人类马上就要进入 21 世纪而欢呼沸腾。已经半夜了，赵某才和朋友们从舞厅分手。回到家，爬上他独自一人居住的木阁楼，躺在床上，赵某还兴奋地不想睡觉。

就在这个时候，他隐隐听见了床角有"吱、吱、吱"的老鼠叫声。反正睡不着觉，赵某索性从床上爬了起来，开始动手抓老鼠。翻箱倒柜折腾了半天，弄得满头大汗，赵某总算在墙角堵住一只又肥又壮的老鼠。赵某眼疾手快，一脚踩住了老鼠的尾巴，老鼠终于被抓住了。看到了这只在他手里挣扎的老鼠，赵某突然玩性大发，他想，给老鼠来个"火刑"一定很好玩。于是，他想到了家里存着的汽油，那是为了在家给助动车加油方便而预备的。赵某从门口拿来装着汽油的雪碧瓶，打开盖子，把里边的汽油倒在了老鼠身上，然后用打火机点燃了汽油。

也许是受火的刺激，小老鼠突然使劲挣脱了赵某的手，蹭地一下钻到了床底下。这个变数是赵某始料不及的。床底下堆了许多纸箱，老鼠逃到哪里，身上的汽油就把火带到了哪里。很快房间的每一个角落都开始着了火。赵某这下可傻了眼，他抓起了床上的被子扑火，可着火的地方太多，赵某顾得了这头，顾不了那头。火越烧越大，眼看是没救了，赵某连忙逃出了屋子。

最后，还是消防队及时赶到，扑灭了大火。不过赵某除了身上被火烧得千疮百孔的破衣裳外，已是一无所有了。赵某怎么也想不到一时的贪玩，结果反把自己烧个精光。真是早知如此何必当初啊！

祸及全家，小猫何辜

1994年12月26日，黄某夫妇因事外出，将不到7岁的小孙子独自留在家中。这时，屋子里剩下的只有小男孩和他的小猫。

小男孩东摸摸西摸摸，可没人陪他玩，不免有几分无聊和寂寞。还是小猫善解人意地蹭着小孩的裤脚，向小男孩撒娇。抱起小猫，突然小男孩想出了一个他自认为一定很好玩的游戏——"烧猫尾巴"。

他在猫尾上绑上彩纸，然后用打火机将纸条点燃，"游戏"开始了。着了火的小猫飞速钻到床下，并立刻将床下的可燃物引燃，接着火势开始蔓延到床罩、被子、周围的家具……见势不妙，小孩转身冲向门口，无奈铁门已被大人反锁，只好向邻居呼叫求救。邻居得知后迅速砸开铁门将小孩救出，并拨打"119"报警。

经及时扑救，此起火灾没有造成人员伤亡，但却烧毁了主人 2 万余元的财物。这些难道都是小猫惹的祸？

樟脑挥发，床上起火

1990 年 2 月 23 日，寒流骤然袭击了崇明岛。晚上 8 时 30 分，黄某一家三口已经酣然进入了梦乡。谁也没想到一个小时后，一场离奇的火灾惊醒了他们的睡梦。

黄某房内陈设简单，唯有西北角的一张硕大精致的仿红木雕刻床特别显眼。床内挂有一顶白色尼龙蚊帐。当天停电，离床 50 厘米的台面上燃有一根红蜡烛。蜡烛插在烛架上，烛火发出明亮的光摇曳着。因为天气寒冷，床上垫有五条棉絮，临睡前黄妻还从大橱内取出一条腈纶毯子盖上，一家人早早地入睡了。突然"啪"的一声轻响，犹如气球爆破。黄某睁开蒙眬的睡眼，迷迷糊糊中只见床内四周蚊帐下垂处火苗窜动。他大惊失色，赶紧叫醒妻儿逃离床上，可是三人已被不同程度烧伤。火很快被扑灭了，一家人百思不得其解，除了点燃的蜡烛外，房里没有其他火源，而蜡烛还好好地插在烛架上。火究竟是从何而来的呢？一时间，左邻右舍众说纷纭。有的说是鬼火引起的，有的甚至说亲眼看到一团火飞入黄家。

调查人员首先排除了蜡烛引起大火的推测。因为蜡烛距床有 50 厘米，蚊帐是挂在床内的，帐门向两头挂在帐钩上，完全在床架内侧，当时门窗紧闭，没有风，也不存在蚊帐刮到蜡烛上起火的可能。接着排除的还有外来火种引起火

197

灾的推测。起火前后门窗始终是关着的，火种根本进不来，更何况床和门窗的位置也相去甚远。有没有自燃的可能呢？勘查中并未发现能发生自燃的物品，也没有形成自燃的条件。

正在山穷水尽之际，一条线索跃入了调查人员的视线。黄妻介绍，放腈纶毯的大橱内曾放过樟脑精，当天取出时还闻到了强烈的樟脑味。经过调查人员细心勘查论证，这起离奇火灾原来是腈纶衫产生的静电火花引起樟脑精挥发出的可燃性气体燃烧所致。当日，黄妻取出樟脑味较重的腈纶毯后，将毯子盖在被子上，樟脑精挥发出来的萘气在毯子表面积聚，并在一定时间内向被子渗透，在被子内和毯子外局部达到了爆炸极限浓度。黄妻和孩子身上穿着腈纶衫，在翻动中放出静电火花，最终点燃了混合气体，导致了火灾的发生。